Excelで学ぶ時系列分析

Excel 2016/2013 対応版

理論と事例による予測

Time-series Analysis

上田　太一郎 ●監修／近藤　宏 ●編著
高橋　玲子・村田　真樹・渕上　美喜・藤川　貴司・上田　和明 ●共著

本書に掲載されている会社名・製品名は、一般に各社の登録商標または商標です。

本書を発行するにあたって、内容に誤りのないようできる限りの注意を払いましたが、本書の内容を適用した結果生じたこと、また、適用できなかった結果について、著者、出版社とも一切の責任を負いませんのでご了承ください。

本書は、「著作権法」によって、著作権等の権利が保護されている著作物です。本書の複製権・翻訳権・上映権・譲渡権・公衆送信権（送信可能化権を含む）は著作権者が保有しています。本書の全部または一部につき、無断で転載、複写複製、電子的装置への入力等をされると、著作権等の権利侵害となる場合があります。また、代行業者等の第三者によるスキャンやデジタル化は、たとえ個人や家庭内での利用であっても著作権法上認められておりませんので、ご注意ください。

本書の無断複写は、著作権法上の制限事項を除き、禁じられています。本書の複写複製を希望される場合は、そのつど事前に下記へ連絡して許諾を得てください。

出版者著作権管理機構
（電話 03-5244-5088, FAX 03-5244-5089, e-mail: info@jcopy.or.jp）

JCOPY ＜出版者著作権管理機構 委託出版物＞

はじめに

　本書は、2006年発行の『Excelで学ぶ時系列分析と予測』（第1版）（以下、前書）の内容を、ほぼそのまま踏襲し、対応するExcelを2016/2013にバージョンアップして刊行するものです。前書同様、時系列分析と予測の手法について、初めての方にもわかりやすく解説します。

　本書の主な特徴は次のとおりです。
（1）時系列データの予測手法の中から、特徴的かつ実用的な手法をできるだけ多く取り上げました。
（2）豊富な事例を載せました。
（3）Excelの計算シートを利用することにより、読者が自分自身のデータを予測することを容易にしました。

　時系列データとは、時間（時間、日、週、月、年など）とともに変化するデータのことです。

- この先3ヶ月の売上高はいくらになるでしょうか？
- 明日、この店の来店客数は何人くらいでしょうか？
- この商品は夏の3ヶ月間で全部で何着売れるのでしょうか？

　流通・小売をはじめ製造・金融・保険・サービスなどあらゆる業務分野において、予測は重要なテーマです。企業だけでなく、国や自治体、個人生活も含めた公私にわたって予測は重要なテーマなのです。

　なぜ予測は重要なのでしょう？　予測は適切なアクションをとるために不可欠だからです。予測が正しいほど、そのアクションは適切となります。このま

はじめに

までは、このブランド物は 20 着売れ残ってしまいそうだと予測できれば、いつにも増して積極的に販促などを実施するはずです。予測した結果に対するアクションによって当初の予測が外れてしまいますが、売れ残るはずだった商品を売り切ることができました。これが適切なアクションです。

時系列データの予測は容易ではありません。理由はいろいろありますが、ここでは大きく 3 つあげます。

1 つめは、予測する将来の時点は内挿でなく外挿だからです。

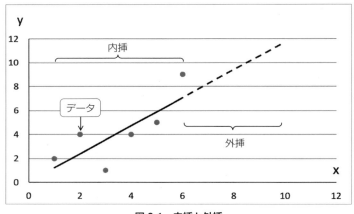

図 0.1　内挿と外挿

図 0.1 のように得られたデータの範囲内で予測することを内挿、範囲外で予測することを外挿と呼んでいます。内挿では実データをもとに、予測式となる直線を求めています。外挿は直線であることを前提にしているため、正しい予測値が得られるとは限らないのです。

2 つめの理由として、予測したいデータに影響を及ぼす変動要因のデータが揃っていないことが多いからです。あったとしても変動要因のデータを探すことが難しいことが多いのです。

3 つめは、予測は当たらないもの、難しいものだと最初から諦めてしまっているからです。

予測は確かに難しいものです。だからといって諦めてはいけません。筆者らは予測問題にチャレンジし成果をあげてきました。さまざまな企業での予測問

題にも関わってきました。そして、その成果を「Excelでできる需要予測・販売予測セミナー」として公開してきました。本書は、理論に基づく統計的な予測手法だけでなく、こうした今までの経験からのノウハウも含めて1冊にまとめたものです。

SIやソフトウェア開発において「予測システムは究極のシステム」といわれています。さまざまな企業・業種・自治体などで予測問題に取り組み、また予測システムの構築にもチャレンジしています。成功すると効果は計り知れない額になります。年間、億単位のコスト削減になったと新聞・雑誌などでも紹介されています。

本書が予測問題の解決、予測システム構築に少しでもお役に立てればこんなに嬉しいことはありません。

予測問題は大きく3つに分けられると考えます。

(1) 数値予測（本書で扱います）

文字どおり、例えば明日パンは何個売れるか、などの数値を予測します。

(2) 判別予測

ダイレクトメールのレスポンスの有無の予測、○○大学に合格するか否かなど、数値予測でなく、○か×かの判定を予測します。

（参考文献）
- 『データマイニングの極意』上田太一郎 著、共立出版
- 『Excel徹底活用多変量解析』上田太一郎・苅田正雄・本田和恵 共著、秀和システム
- 『多変量解析法入門』永田靖・棟近雅彦 共著、サイエンス社

(3) 最適予測

最適な組み合わせを予測します。実験計画法、コンジョイント分析、タグチメソッドがこれにあたります。また、ソルバーで扱う問題の多くはこの最適予測に入ります。

（参考文献）
- 『Excelで学ぶ営業・企画・マーケティングのための実験計画法』上田太一郎 監修、渕上美喜・近藤宏・上田和明・髙橋玲子 共著、オーム社
- 『実践！ビジネスデータ解析入門』中西元子・杉村裕喜・村上直子・上田太一郎 共著、共立出版

はじめに

- 『Excel でできるタグチメソッド解析法入門』広瀬健一・上田太一郎 共著、同友館
- 『新版 Excel でできる最適化の実践らくらく読本』苅田正雄・中西元子・上田太一郎 共著、同友館

(2) (3) については本書では扱いませんが、興味のある方は参考文献に記載の書籍をお読みください。

本書で扱う (1) の数値予測は、データにより次の 2 つに分類できます。
① xy 関連法
② y 単独法
(用語は筆者が付けました。お断りしておきます)

①の xy 関連法とは、回帰分析に代表される予測手法です。
例えば x と y との関係式である単回帰式

$$y = a + bx$$

を考えます。データ $x_1, x_2, \cdots, x_n$ と、$y_1, y_2, \cdots, y_n$ から最小二乗法を用いて、具体的に $a=5, b=10$ と求めます。すると、x が 10 のとき、y は $y = 5 + 10x$ の x に 10 を代入すれば、$y = 105$ になると予測できます。

xy 関連法では x が何種類もあっても、重回帰分析を利用して予測することができます。また、どの x が要因として影響が大きいか、という要因分析を実施できます。ただし事前にある程度、何を x として取り上げるのかを見きわめておく必要があります。

②の y 単独法はデータ $y_1, y_2, \cdots, y_t$ だけで y_{t+1} などを予測する手法です。

(注) ここで、添字の t は日、月などの時点を示します。$t=5$〔ケ月目〕までの売上高で $t+1=6$〔ケ月目〕の売上高を予測する、などのように時間の区切りの数を示す記号です。

y 単独法のメリットは、$x_1, x_2, \cdots, x_t$ などの要因データが不要であることです。裏返しに要因分析ができないことがデメリットとなります。

ところで、万能な予測手法はあるのでしょうか?
答えは「いいえ」です。

データや局面に応じて最適と思われる予測手法を採用していくしかありません。しかし「こんな特徴のデータの予測にはこの予測手法が適している」というパターンが経験的にわかってきました。本書ではそのノウハウを公開しています。また、経験がなくても最適な予測手法を求める手順として、第13章で最適適応法を提案しています。

　Excel 2016/2013 は、それまでの Excel から画面のデザインを一新し、よりユーザーフレンドリーな操作手順を実現していますが、本書で扱うデータ処理に関する機能の操作に、若干の変更もありました。本書では主に Excel の操作と表示について、記載の内容を前書から変更しています。

　また、前書で事例として使用していたデータには、時制的に古いデータもありましたので、再編にあたって一部のデータを新しいものに変更しました。前書の発行から災害や世界の経済情勢など未曾有の大きな変化要因があったものの、本書で扱う企業や経済統計における時系列データには、連続性を損なうような大きな変化がなかったような印象を受けます。我が国の経済は停滞しているといわれながらも、まだまだ底力があるように感じました。

　新しい Excel 2016/2013 においても本書を利用して、予測問題の解決、予測システム構築に役立てていただき、読者の皆様の益々の発展に少しでも助力となれば幸いです。

　本書の監修にあたって、オーム社書籍編集局の方々には企画の段階から最後まで大変お世話になりました。この場を借りまして厚く御礼申し上げます。

2016 年 6 月

著者を代表して　　近　藤　　宏

はじめに

■ Excel の対応バージョンについて

　本書は、Microsoft Office Excel 2016（Windows 版、32bit）をベースに執筆・動作確認をしています。本書で紹介している画面類は、Windows 10 上のMicrosoft Office Excel 2016（Windows 版）のものとなります。

　画面（ダイアログボックス）、操作などは一部異なりますが、Excel 2010（Windows 版）でも同様の動作は可能です。また、Excel 2003（Windows 版）以前のバージョンでも動作可能ですが、保証するものではありません。古いバージョンについては、『Excel で学ぶ時系列分析と予測』を参照してください。

　なお、Mac 版 Excel については動作の検証をしていません。

■ マクロのセキュリティ

　本書に記述されているファイルはオーム社のホームページ（http://www.ohmsha.co.jp/）からダウンロードできます。

　デフォルトの設定では、インターネットからダウンロードした Excel ファイルを初めて開く際には警告（保護ビュー）が表示されます。タブの下に表示される［編集を有効にする］をクリックしてください。［保護ビューのままにしておくことお勧めします］と表示されますが、データの書き換えなどが必要となるファイルもありますので、編集可能にして利用してください。

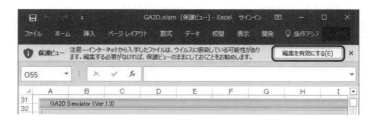

　また、ワークシートは Excel のマクロ機能を使って作成している場合があるため、［セキュリティの警告］が表示される場合があります。その場合は［コンテンツの有効化］をクリックしてください。この警告が表示されない場合は、最後の［セキュリティセンター］の［マクロの設定］を確認してください。

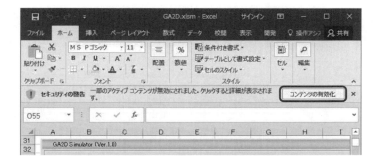

　これで、ダウンロードしたExcelファイルを利用することができます。ただし、信頼できるマクロを含んだ複数のExcelファイルを利用する際には以下のように、［セキュリティセンター］で［信頼できる場所］を設定しておくと、［セキュリティの警告］を出さずに利用することができて便利です。

　［ファイル］タブから［オプション］をクリックします。［Excelのオプション］が開くので、左側の［セキュリティセンター］をクリックして、［セキュリティセンターの設定］をクリックします。

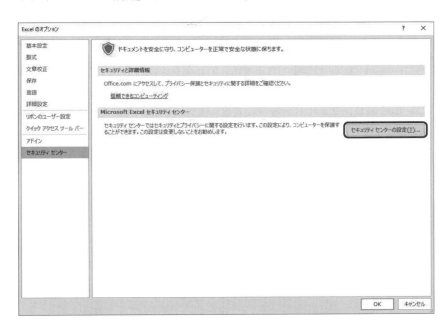

はじめに

　［セキュリティセンター］が開くので左側の［信頼できる場所］をクリックし、［新しい場所の追加］をクリックします。

　［Microsoft Office の信頼できる場所］で、ダウンロードした Excel ファイルのあるフォルダーを指定して（この例では C ドライブの code フォルダー）、［この場所のサブフォルダーも信頼する］にチェックを入れて、［OK］をクリックします。

　［セキュリティセンター］の［信頼できる場所］のリストにフォルダーが追加されていることを確認してください。

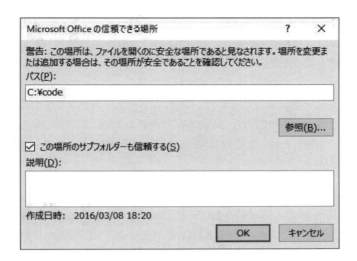

　これで［OK］を2回クリックして、［セキュリティセンター］と［Excelのオプション］を閉じることで、以降、［信頼できる場所］のフォルダーにあるマクロを含んだExcelファイルを警告なしで開くことができます。
　デフォルトの設定ではこれで問題ありませんが、［セキュリティセンター］の［マクロの設定］で［警告を表示してすべてのマクロを無効にする］に設定されていることを確認してください。

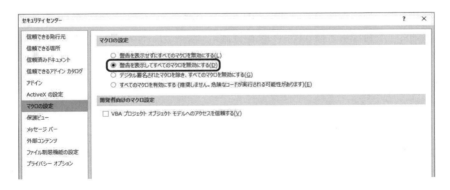

はじめに

■**サンプルファイルについて**

　サンプルファイルの著作権は、著者に帰属します。著作権は放棄していませんが、本書を使った学習の中で、ファイルは自由に変更してお使いください。

　本書には、Excel のシートに表示された数値と、Excel のシートの数式に基づいた計算結果を記載しています。Excel のシートに表示されている数値はセル幅に応じて小数点が四捨五入される場合があるため、本書に記載した数値から手計算で計算した場合に計算結果が一致しない場合があります。ご了承ください。

　オーム社ホームページ：http://www.ohmsha.co.jp/

　「サポート情報」の「ダウンロード」をクリックすると「書籍連動／ダウンロードサービス」が表示されます。『Excel で学ぶ時系列分析―理論と事例による予測―Excel 2016/2013 対応版』をクリックし、リンク先のページよりダウンロードしてください。

　※ダウンロードサービスは、やむをえない事情により、予告なく中断・中止する場合があります。

■**免責事項**

　本書および本書のサンプルファイルの内容を適用した結果、および適用できなかった結果から生じた、あらゆる直接的および間接的被害に対し、著者、出版社とも一切の責任を負いませんので、ご了承ください。また、ソフトウェアの動作・実行環境・操作についての質問には、一切お答えできません。

　本書の内容は原則として、執筆時点（2016 年 6 月）のものです。その後の状況によって変更されている情報もありえますのでご注意ください。

目次

はじめに iii

第1部 時系列分析（解説編）　　1

第1章 時系列分析とは 3
- 1.1 時系列分析とは何か 3
- 1.2 時系列データの4つの基本パターン（変動要因） 4
  - 1.2.1 時系列データの4つの変動要因 4
  - 1.2.2 時系列データの組み合わせモデル 7
- 1.3 時系列グラフの描き方 9
- 1.4 季節調整 11
  - 1.4.1 12ヶ月移動平均 12
- 1.5 本書で紹介する時系列分析手法 20
- まとめ 21

第2章 単回帰分析 23
- 2.1 1次式による近似 23
  - 2.1.1 単回帰分析 23
  - 2.1.2 相関係数 29
- 2.2 対数近似 32
- 2.3 べき乗近似 35
- 2.4 指数近似 38
- まとめ 42

第3章 重回帰分析 45
- 3.1 重回帰分析 45
  - 3.1.1 最適な回帰式を求める手順 45
  - 3.1.2 時系列データを対象とした重回帰分析の例 53
- 3.2 2次式による近似 56
- 3.3 多項式による近似 60

目 次

 3.4 自己回帰モデル 65
 3.5 数量化理論Ⅰ類 69
 まとめ 79
 「分析ツール」の読み込み方法 80

第 4 章 成長曲線 83
 4.1 成長曲線とは 83
 4.2 ソルバーの活用 84
 4.3 ロジスティック曲線 91
 4.4 ゴンペルツ曲線 98
 4.5 遅れ S 字曲線（遅延 S 字型モデル） 103
 まとめ 107

第 5 章 従来の予測手法 109
 5.1 差の平均法（差分法） 109
  5.1.1 差の平均法とは 109
  5.1.2 実際のデータを Excel で予測する 110
 5.2 指数平滑法 114
  5.2.1 指数平滑法とは 114
  5.2.2 実際のデータを Excel で予測する 115
  5.2.3 α 値について 121
 5.3 ブラウン法 124
  5.3.1 ブラウン法とは 124
  5.3.2 実際のデータを Excel で予測する 125
  5.3.3 最適な α 値の求め方 128
  5.3.4 ブラウン法が不得意とするデータ 131
  5.3.5 百貨店の売上高の予測事例 134
 5.4 移動平均法 138
  5.4.1 移動平均法による予測とは 138
  5.4.2 実際のデータを Excel で予測する 138
  5.4.3 Excel のグラフ機能を用いて移動平均線を求める 144
 まとめ 148

第 6 章 最近隣法 149
 6.1 最近隣法とは 149
 6.2 実際のデータを最近隣法で予測する 151

6.3　予測算出における工夫—黄金比の利用— 157
6.4　Excel で作る最近隣法計算シート 161
6.5　最近隣法が適応しにくいケース 164
　　まとめ 166

第 7 章　灰色理論 167
7.1　灰色理論とは 167
7.2　実際のデータを Excel で予測する 169
7.3　行列計算によって回帰分析を実施する方法 176
7.4　灰色理論が適応しにくいケース 181
　　まとめ 182

第 2 部　具体的データによる予測事例　　183

第 8 章　単回帰分析による予測 185
8.1　手法の整理 185
　　8.1.1　Excel の散布図から近似直線と共に単回帰式を求める 186
　　8.1.2　Excel の分析ツールの「回帰分析」を利用する 189
　　8.1.3　Excel の回帰分析関数を利用する 192
　　8.1.4　Excel の計算シートを作成する 194
　　8.1.5　対数近似、べき乗近似、指数近似での変数変換 196
8.2　単回帰分析による予測事例 197
　　8.2.1　道路の面積データの予測事例 197
　　8.2.2　チラシ・ダイレクトメール売上高データの予測事例 199
　　まとめ 204

第 9 章　重回帰分析による予測 207
9.1　手法の整理 207
　　9.1.1　重回帰分析を利用した近似手法 208
　　9.1.2　変数選択の手順 209
　　9.1.3　Excel の散布図で多項式近似を実施する 210
　　9.1.4　LINEST 関数を利用した重回帰分析 214
9.2　重回帰分析による予測事例 219
　　9.2.1　多項式近似による予測事例（1） 219
　　9.2.2　多項式近似による予測事例（2） 224
　　9.2.3　重回帰分析と数量化理論 I 類を混合した予測事例 231
　　9.2.4　自己回帰モデルを利用した予測事例 236

目次

　まとめ 242

第10章　成長曲線による予測 245
　10.1　プログラムのバグ累計の予測事例 245
　10.2　セミナーの受講申込数の予測事例 251
　まとめ 255

第11章　最近隣法による予測 257
　11.1　市場の需要額の予測事例 257
　11.2　商品Aの販売点数の予測事例 261
　まとめ 264

第12章　灰色理論による予測 265
　12.1　ショッピングセンターのテナント賃料の予測事例 265
　12.2　ある量販店の来期の売上予測事例 269
　まとめ 272

第13章　予測精度を上げるために 273
　13.1　相似法 273
　　13.1.1　相似法とは 273
　　13.1.2　実際のデータを相似法で予測する 275
　13.2　分解法 282
　　13.2.1　分解法とは 282
　　13.2.2　実際のデータを分解法で予測する 282
　　13.2.3　分散分析による統計的判断 286
　　13.2.4　回帰分析を実行して予測値を求める 290
　13.3　最適適応法 298
　　13.3.1　最適適応法とは 298
　　13.3.2　実際のデータを最適適応法で予測する 298
　　13.3.3　予測手法の最終評価 302
　まとめ 305

あとがき―上田太一郎氏を偲んで― 306
索　引 307

第1部
時系列分析
（解説編）

- 第1章　時系列分析とは
- 第2章　単回帰分析
- 第3章　重回帰分析
- 第4章　成長曲線
- 第5章　従来の予測手法
- 第6章　最近隣法
- 第7章　灰色理論

1.1 時系列分析とは何か

　時間の経過に沿って観測・記録したデータのことを**時系列データ**といいます。そして、この時系列データを用いて過去の傾向を分析し、今後の予測に活用することを**時系列分析**といいます。

　例えば、今後の売上高の傾向をつかみたいとき、過去の売上高データの動向がどのようであったかをもとに分析して考えるでしょう。特定商品の製造量を考えるなら、市場が成長傾向にあるのか、衰退傾向にあるのか、また売れ行きに季節の影響はあるのかなどの法則をデータから見つけ出し、今後の予測に役立てるでしょう。人々は未来を予測するために、過去のデータを活用します。

　時系列分析とは、このように年、月、週、日などの特定の時間的推移の中で観測・記録した時系列データをもとに、その本質的な動きを推定して特性をとらえ、その後の予測を行うことを目的とします。

　時系列データは、いくつかのある傾向の組み合わせによって構成されると考えます。長期的な増加や減少、季節性などの傾向を見つけ、原型となる時系列データと組み合わせて将来を推定することが可能になります。

　本章では、時系列データに含まれる傾向の基本パターンについて説明します。実際に時系列分析を進めるうえで役に立つ、時系列データの基本的な性質

を理解していただこうと思います。

1.2 時系列データの4つの基本パターン（変動要因）

1.2.1 時系列データの4つの変動要因

時系列データに現れる傾向の基本パターンには、次の4つの変動要因を考えます。

- 傾向変動（Trend：T、トレンドといわれます）
- 循環変動（Cycle：C、サイクルといわれます）
- 季節変動（Seasonal：S）
- 不規則変動（偶発変動、Irregular：I、ノイズといわれます）

時系列分析では、これら要因が互いに重なり合い、相互に作用して、ある期間に観測される変動を生み出していると考えます。一見複雑な変動を見せる時系列データも、この4つの変動要因の組み合わせによって作られていると考えます。

時系列データを構成する要因の特性を適切に理解するために、場合によってデータの変動を分解したり、部分的に取り除いたりすることにより、精度の高い予測に近づけることが可能となります。

(1) 傾向変動（Trend、トレンド）

上昇や下降などをなめらかに示す長期的な変動のことを**傾向変動**といいます（図1.1）。経済の成長においては15年以上の長期的な変動がこれにあたります。

例えば、景気の後退と回復の影響を受けた完全失業者数の増加、減少は傾向変動です。

1.2 時系列データの4つの基本パターン（変動要因）

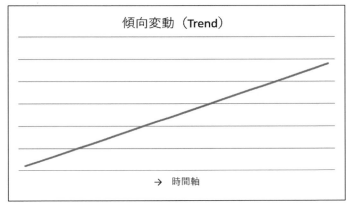

図 1.1　傾向変動のパターン例

(2) 循環変動（Cycle、サイクル）

　一般に、景気の循環に伴う経済の変動において、12ヶ月を超える循環でほぼ一定の周期を持つ変動のことを**循環変動**といいます（図 1.2）。ただし、循環変動には 3 〜 15 年の周期の確定していない変動や、より短期間の景気の好・不況の変動を含む場合もあります。

　このため、傾向変動と循環変動の違いを明確に区別することは難しいため、この両者をあわせて、「**トレンド・サイクル**」として考えるケースが多く見られます。

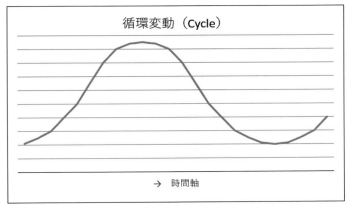

図 1.2　循環変動のパターン例

（3）季節変動（Seasonal）

時系列の中で、季節ごとに同じ強さで繰り返される1年周期の変動を**季節変動**といいます（図1.3）。四半期や月単位でも同じ強さで繰り返される周期的な変動であれば季節変動に含まれます。

例えば、就業者数が新年度の始まる3～4月から増加し、6～7月にピークとなり、その後減少するような動きは季節変動です。物の消費量の場合、年度末や夏、冬のボーナス期、クリスマス、正月などに関係する消費の増加も季節変動です。このように季節や年中行事が要因となって毎年決まった時期に起こる変動は、季節変動として1年を周期とした周期的な変動パターンとしてとらえられます。

時系列分析では長期的な「トレンド・サイクル」を読み取るため、時系列データから季節変動を取り除く**季節調整**がよく行われています（季節調整については1.4節で詳しく説明します）。

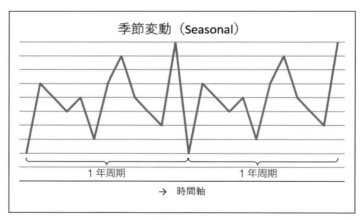

図1.3　季節変動のパターン例

（4）不規則変動（Irregular、ノイズ）

上記（1）～（3）では説明がつかない、不規則的な変動のことを**不規則変動**といいます（図1.4）。

突発的な出来事による変動や急速な景気の変動などがこれにあたります。例えば、地震などの大きな自然災害の後に現れる経済的な変動が不規則変動とな

1.2 時系列データの 4 つの基本パターン（変動要因）

ります。

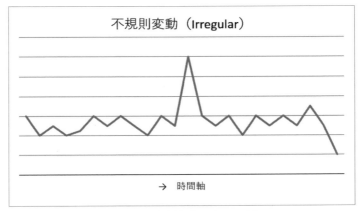

図1.4　不規則変動のパターン例

■ 1.2.2　時系列データの組み合わせモデル

時系列データは、1.2.1 項で説明した 4 つの変動要因（基本パターン）の複合的な組み合わせとして考えられます。

原型となる時系列データ（原系列）の動きを決定する 4 つの変動要因の組み合わせには、次の 2 つの方法があると考えます。ここでは、$T=$ 傾向変動、$C=$ 循環変動、$S=$ 季節変動、$I=$ 不規則変動として、4 つの変動要因をそれぞれ記号で示しています。

(1) **加法モデル**：4 つの変動要因の単純な和で合成されます。
   加法モデル $= T + C + S + I$

(2) **乗法モデル**：4 つの変動要因を比率的に解釈し、それらの積で合成されます。
   乗法モデル $= T \times C \times S \times I$

加法モデルでは、基本パターンの変化の幅となる変動成分値がそのまま加算されるだけなので、あまり大きな変動を示しません。一方、各変動成分の積となる乗法モデルでは、変動要因の変化が比率として変動するため、変動成分が

大きく影響して、大きな変動幅となる特徴があります。

参考例として、図1.1から図1.4までの4つの変動要因を加法モデルで組み合わせた場合（図1.5）と乗法モデルで組み合わせた場合（図1.6）のグラフを掲載します。2つの変動の仕方には大きく違いが出ており、乗法モデルの方がダイナミックな変動となっていることがわかります。

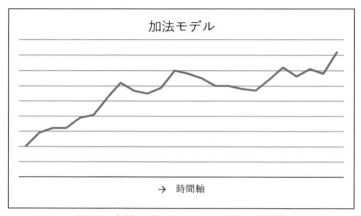

図1.5　加法モデルによる4つの要因の合成例

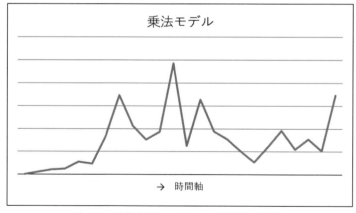

図1.6　乗法モデルによる4つの要因の合成例

加法モデルと乗法モデルのどちらが適しているか理論的に判断することは容易ではありません。実際のデータに当てはめながら、これまでの経験などをも

とによく検討して判断します。

1.3 時系列グラフの描き方

　時間の推移に伴う時系列データは、まずグラフ化して視覚的にその傾向を確認することが、データの状態を把握するのに非常に有効です。グラフの種類としては折れ線グラフが最適です。

　図 1.7 のデータは 2014 年と 2015 年の東京の月別の降水量です。グラフを作成して、時系列データの変化を視覚的に確認してみましょう。

	A	B	C	D
1		1月	24.5	(単位mm)
2		2月	157.5	
3		3月	113.5	
4		4月	155	
5		5月	135.5	
6	2014年	6月	311	
7		7月	105.5	
8		8月	105	
9		9月	155.5	
10		10月	384.5	
11		11月	98.5	
12		12月	62	
13		1月	92.5	
14		2月	62	
15		3月	94	
16		4月	129	
17		5月	88	
18	2015年	6月	195.5	
19		7月	234.5	
20		8月	103.5	
21		9月	503.5	
22		10月	57	
23		11月	139.5	
24		12月	82.5	
25				

図 1.7　東京の月別降水量（気象庁 HP 過去の気象データ検索より）

■グラフの作成
(1) データのセル範囲（A1：C24）を選択した状態で、リボンの［挿入］タブの［折れ線 / 面グラフの挿入］ボタンをクリックします（図 1.8）。

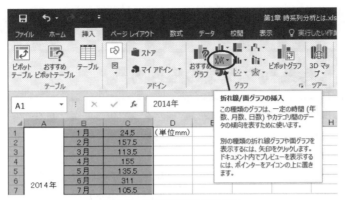

図 1.8　折れ線グラフの作成①

(2) 表示されるメニューで［折れ線］をクリックします（図 1.9）。

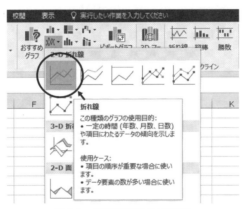

図 1.9　折れ線グラフの作成②

(3) 図 1.10 のような 2014 年と 2015 年の東京の月別降水量を示した折れ線グラフが作成されます。

図1.10　折れ線グラフの作成③

　図1.10より、2014年と2015年のそれぞれの1年間の変動に違いがあることは明らかで、2015年は梅雨のピークがなだらかになっていることと、9月の降水量が多くなっていることがわかります。このように、時系列データの特徴を把握するには、まず折れ線グラフでデータの状態を視覚的に見せることが有効です。

1.4　季節調整

　ある百貨店の売れ行きには、例えば天候や気温などの自然条件による影響、GWや夏休み、年末年始などの年中行事による影響、お中元、お歳暮やクリスマスなどの贈答の習慣による影響が考えられます。これらは1年をサイクルとして繰り返される季節変動として現れます。百貨店の売上の傾向を正確に把握するには、これらの季節による影響を考慮し、場合によっては差し引いて考える必要があります。

　長期的な傾向を知るには、このような季節による影響を取り除いた方が、その特徴をつかみやすくなります。このとき、データから季節変動による影響を取り除くことを**季節調整**といいます。

　本節では、季節調整の手法として多く用いられる**移動平均法**を紹介します。

第1章 時系列分析とは

　移動平均法とは、平均をとる期間を徐々にずらしていきながら、データの平均値を求める手法で、時系列データの細かい変動を「ならす」ことができます。すなわち、時系列データを一定の期間（n個）ごとのデータの平均値に置き換えることで、その期間の季節変動を平滑化する手法です。

　世界の各機関では、より高度な季節調整を実施するアルゴリズムの開発が進められています。代表的なものに、米国商務省の開発したセンサス局法や、日本の経済企画庁で開発された EPA 法などがあります。

■ 1.4.1　12ヶ月移動平均

　移動平均法のうち、12ヶ月を1つの期間としてとらえた **12ヶ月移動平均** について具体的な事例を用いて説明します。

　図 1.11 は、2014 年 1 月から 2015 年 12 月までの 24 ヶ月の全国百貨店の食料品の月別売上データです。このデータから季節性を除去するために、1 年サイクル（= 12 ヶ月）の季節調整を 12 ヶ月移動平均で実施してみます。

	A	B	C
1	月	売上高	（単位 万円）
2	2014年1月	12,472	
3	2014年2月	12,899	
4	2014年3月	14,291	
5	2014年4月	10,919	
6	2014年5月	11,774	
7	2014年6月	14,534	
8	2014年7月	17,347	
9	2014年8月	12,652	
10	2014年9月	11,051	
11	2014年10月	11,968	
12	2014年11月	16,342	
13	2014年12月	25,293	
14	2015年1月	12,276	
15	2015年2月	12,984	
16	2015年3月	13,387	
17	2015年4月	11,166	
18	2015年5月	11,747	
19	2015年6月	14,442	
20	2015年7月	17,072	
21	2015年8月	12,433	
22	2015年9月	11,162	
23	2015年10月	12,128	
24	2015年11月	16,030	
25	2015年12月	25,342	
26			

図 1.11　全国百貨店の食料品の月別売上データ（日本百貨店協会 HP より）

まず、データを視覚的に確認するために折れ線グラフを描きます（図1.12）。

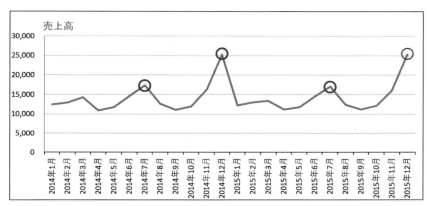

図1.12　図1.11のデータの折れ線グラフ

図1.12より、7月と12月に売上高が大きくなっており、2014年と2015年で同じような周期を描いていることが確認できます。

百貨店の食料品の売上高ですので、お中元とお歳暮需要が売上に大きく影響していること、また、12月はクリスマスや正月に向けて需要が大きくなっているという傾向がはっきり現れています。

12ヶ月移動平均によってこのデータから季節変動を取り除こうと思いますが、ここで次のような注意が必要です。

例えば、1月から12月までの12ヶ月の時系列データに季節調整を実施する場合、データ数が12個と偶数になるため、その中間点は6月と7月の間の6.5月となってしまいます。季節調整を実施した移動平均値を該当させる月が6.5月では、月のデータとして正しくあてはめられません。このため、さらに1ヶ月ずらした12ヶ月移動平均値を求め、2つの移動平均値の平均をとることで、正しく月に該当する値を求める**12ヶ月中心化移動平均**を用います。

12ヶ月中心化移動平均では、図1.13のように1～12月と2～1月の2つの移動平均をさらに平均した値を、6.5月と7.5月の平均月となる「7月」の12ヶ月移動平均値とします。

第 1 章　時系列分析とは

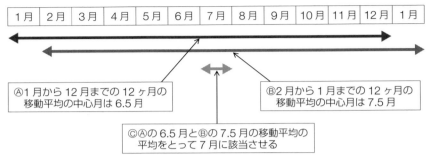

図 1.13　12 ヶ月中心化移動平均の考え方

では、図 1.11 のデータに対して 12 ヶ月中心化移動平均を実施して季節変動を取り除いてみましょう。

(1) 12 ヶ月移動平均を計算するために、図 1.11 に新しい項目（列）を 2 つ追加します。項目の見出しとして、1 つめの列には「12 ヶ月移動平均」、2 つめの列には「中心化平均」と入力しておきます（図 1.14）。

	A	B	C	D	E
1	月	売上高	12ヶ月移動平均	中心化平均	(単位 万円)
2	2014年1月	12,472			
3	2014年2月	12,899			
4	2014年3月	14,291			
5	2014年4月	10,919			
6	2014年5月	11,774			
7	2014年6月	14,534			
8	2014年7月	17,347			
9	2014年8月	12,652			
10	2014年9月	11,051			
11	2014年10月	11,968			
12	2014年11月	16,342			
13	2014年12月	25,293			
14	2015年1月	12,276			
15	2015年2月	12,984			
16	2015年3月	13,387			
17	2015年4月	11,166			
18	2015年5月	11,747			
19	2015年6月	14,442			
20	2015年7月	17,072			
21	2015年8月	12,433			
22	2015年9月	11,162			
23	2015年10月	12,128			
24	2015年11月	16,030			
25	2015年12月	25,342			
26					

図 1.14　12 ヶ月移動平均の求め方①

(2) 12ヶ月移動平均を計算します。まず、データ開始月の2014年1月から12月までの12ヶ月のデータ平均を求めます。この平均の中心月は2014年の6月と7月の間（= 6.5月）に該当しますが、便宜上「12ヶ月移動平均」列の2014年6月のセルに計算されるように式を入力します。

平均値はExcelのAVERAGE関数を使って計算できます。式を入力するセル（ここではC7）を選択して［fx］ボタンをクリックし、［関数の挿入］ウィンドウで、［関数の分類］の［統計］から関数名で［AVERAGE］を選択し、［OK］ボタンをクリックします（図1.15）。

図1.15　12ヶ月移動平均の求め方②

(3) [数値1] に、セル B2 からセル B13 までの 12 ヶ月データを指定し、[OK] ボタンをクリックします（図 1.16）。

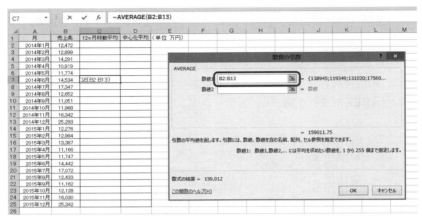

図 1.16　12 ヶ月移動平均の求め方③

(4) セル C7 に 12 ヶ月の平均値が計算されます。このセル C7 をその下側のセルにコピーすると「12 ヶ月移動平均」の列に 12 ヶ月平均値が求められます。この時系列データの範囲で 12 ヶ月平均が求められるのは 2015 年 1 月から 12 月までの 12 ヶ月平均までなので、その中心月となる 2015 年 6 月に該当するセル C19 までコピーします（図 1.17）。

	A	B	C	D	E
1	月	売上高	12ヶ月移動平均	中心化平均	(単位 万円)
2	2014年1月	12,472			
3	2014年2月	12,899			
4	2014年3月	14,291			
5	2014年4月	10,919			
6	2014年5月	11,774			
7	2014年6月	14,534	14,295		
8	2014年7月	17,347	14,279		
9	2014年8月	12,652	14,286		
10	2014年9月	11,051	14,211		
11	2014年10月	11,968	14,231		
12	2014年11月	16,342	14,229		
13	2014年12月	25,293	14,221		
14	2015年1月	12,276	14,198		
15	2015年2月	12,984	14,180		
16	2015年3月	13,387	14,189		
17	2015年4月	11,166	14,203		
18	2015年5月	11,747	14,177		
19	2015年6月	14,442	=AVERAGE(B14:B25)		
20	2015年7月	17,072			
21	2015年8月	12,433			
22	2015年9月	11,162			
23	2015年10月	12,128			
24	2015年11月	16,030			
25	2015年12月	25,342			
26					

図1.17　12ヶ月移動平均の求め方④

(5) 次に、隣り合わせの2つの12ヶ月移動平均の平均を求めて「中心化平均」を算出します。表の2014年6月に該当する12ヶ月移動平均（セルC7）が6.5月、2014年7月に該当する12ヶ月移動平均（セルC8）が7.5月に該当するので、この2つの数値の平均を求めれば2014年7月を中心月とする移動平均が求められます。

「中心化平均」の2014年7月のセル（D8）を選択して、ExcelのAVERAGE関数を使ってセルC7とセルC8のデータの平均値を求めます。そしてセルD8を、12ヶ月移動平均を計算できる月（2015年6月）のセル（D19）までコピーします（図1.18）。

第1章 時系列分析とは

	A	B	C	D	E
1	月	実際売上高	12ヶ月移動平均	中心化平均	(単位 万円)
2	2014年1月	12,472			
3	2014年2月	12,899			
4	2014年3月	14,291			
5	2014年4月	10,919			
6	2014年5月	11,774			
7	2014年6月	14,534	14,295		
8	2014年7月	17,347	14,279	14,287	
9	2014年8月	12,652	14,286	14,282	
10	2014年9月	11,051	14,211	14,248	
11	2014年10月	11,968	14,231	14,221	
12	2014年11月	16,342	14,229	14,230	
13	2014年12月	25,293	14,221	14,225	
14	2015年1月	12,276	14,198	14,210	
15	2015年2月	12,984	14,180	14,189	
16	2015年3月	13,387	14,189	14,185	
17	2015年4月	11,166	14,203	14,196	
18	2015年5月	11,747	14,177	14,190	
19	2015年6月	14,442	14,181	=AVERAGE(C18:C19)	
20	2015年7月	17,072			
21	2015年8月	12,433			
22	2015年9月	11,162			
23	2015年10月	12,128			
24	2015年11月	16,030			
25	2015年12月	25,342			
26					

図1.18　12ヶ月移動平均の求め方⑤

(6) これで、2014年7月から2015年6月までの移動平均が求められました（図1.18の「中心化平均」の値）。これが季節変動を取り除いた季節調整された値となります。この値を実際の売上データと共にグラフに描いてみると、図1.19のようになります。季節変動を取り除いた後のグラフはほぼフラットな直線となっていることから、季節変動以外の変動である傾向変動や循環変動による影響が見られないことがわかります。

1.4 季節調整

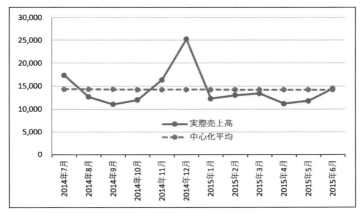

図1.19 季節変動調整値のグラフ

これで、12ヶ月移動平均によって1年の季節周期性（季節変動）を取り除くことができました。取り除かれた季節変動の値は、売上高から移動平均（中心化平均）の値を引くと求めることができます。

今回は季節変動の影響が顕著である売上高のデータを例に季節調整を説明しました。

しかし、実際の月別売上高の予測にあたっては、季節変動も重要な要因であり、季節変動を取り除かずに予測を立てなければなりません（この場合の効果的な予測方法として第13章で「分解法」を紹介します）。

また、季節変動を取り除いた時系列分析が必要な場合でも、激しい変化に追従するためには、1年間のデータが揃わなければ予測できない12ヶ月移動平均では対応が遅すぎる場合があります。迅速な精度の高い予測を考えるうえではさらに短期間での移動平均も必要となります。状況に応じて、1年を四半期に区切った3ヶ月、または2ヶ月単位などの短い期間で移動平均を利用することを考えてください。

株式市場で利用される移動平均の手法では、過去の一定期間の移動平均を最新値として予測に利用することもあります（第5章参照）。このように、過去12ヶ月の移動平均値を、中心月の予測値でなく、次月の予測値として活用することも可能です。

時系列分析では、データの特性やその目的を明確にしたうえで、最適な期間

第 1 章　時系列分析とは

と分析手法を選択することが重要です。

1.5 本書で紹介する時系列分析手法

　次章から、時系列分析を実行するためのさまざまな手法を紹介します。また、第 2 部では手法別に具体的データによる予測事例を掲載しています。多くの事例を参考にして、実際のデータに最も適した手法を見つけ、時系列分析を今後の予測に大いに活用していきましょう。

表 1.1　本書で紹介する時系列分析手法

分析手法		章
単回帰分析	1 次式近似	第 2 章
	対数近似	
	べき乗近似	
	指数近似	
重回帰分析	重回帰分析	第 3 章
	2 次式近似	
	多項式近似	
	自己回帰モデル	
	数量化理論 I 類	
成長曲線	ロジスティック曲線	第 4 章
	ゴンペルツ曲線	
	遅れ S 字曲線	
最近隣法		第 6 章
灰色理論		第 7 章
その他	移動平均法	第 1 章、第 5 章
	差の平均法（差分法）	第 5 章
	指数平滑法	
	ブラウン法	
	相似法	第 13 章
	分解法	
	最適適応法	

まとめ

- 時系列分析とは、時間の経過に沿って観測・記録した時系列データをもとに、その本質的な動きを分析して特徴をとらえ、その後の予測を行うものです。
- 時系列データとは、傾向変動、循環変動、季節変動、不規則変動の4つの変動要因の組み合わせによって構成されていると考えられます。一見複雑な変動を描く時系列データもこの4つの要因の複合的な組み合わせととらえられます。
- 変動の組み合わせ方法としては、(1) 4つの変動の単純な和と考える加法モデルと、(2) 4つの変動の積と考える乗法モデルがあります。
- 時系列データは、まずグラフ化して視覚的に確認することが、データの状態を把握するために非常に有効です。グラフの種類としては折れ線グラフが適しています。
- データの長期的な傾向を知るために、その特徴をつかみやすくなるように短期的な変動を取り除いて分析を行うことがあります。季節変動を取り除きデータを平滑化することを季節調整といいます。
- 移動平均法とは、平均をとる期間を徐々にずらしていきながら、データの平均値を求める手法です。時系列データを一定の期間 (n 個) ごとの平均値に置き換えることで、その期間の変動を平滑化します。

▶ 参考文献

- 『経済・経営系のための統計学入門　下』J. E. フロイント他 共著、福場庸他 共訳、培風館
- 『実践ワークショップ Excel 徹底活用　統計データ分析』渡辺美智子・小山斉 共著、秀和システム
- 『経済時系列分析』蓑谷千凰彦・廣松毅 監修、高岡慎・浪花貞夫 共著、多賀出版
- 「気象庁 HP—過去の気象データ検索」
  http://www.jma.go.jp/jma/menu/menureport.html
- 「日本百貨店協会 HP—百貨店売上高」
  http://www.depart.or.jp/common_department_store_sale/list

第2章 単回帰分析

2.1 1次式による近似

1次式による近似は、データを単回帰分析することで行うことができます。

■ 2.1.1 単回帰分析

単回帰分析とは、x と y の 2 つの変数間にある関係を 1 次式で表し、予測を行う手法です。単回帰分析では、データの組 x_i と y_i があり、x で y を説明する式

$$y = a + bx$$

を求めます。この式を**単回帰式**（または**回帰式**）といいます。1 次式はグラフ上で直線を表す式ですので、単回帰式が示す直線のことを**回帰直線**といいます。

単回帰の "単" は説明する変数 x が 1 個であることを示しています（変数が複数個のときの回帰分析を重回帰分析といいます）。

a（y 切片）と b（傾き）は**最小二乗法**により求められます。

次のデータで考えてみます。

第2章 単回帰分析

表 2.1　単回帰分析のデータ

x	y
1	1
3	5
4	1
5	4
6	4

y を説明する x のほかに誤差を考えて式を

$$y = a + bx + 誤差$$

とします。

図 2.1（表 2.1 のデータで描いた Excel の散布図）に示すように、誤差とは各点から直線までの距離のことです。この誤差の二乗（= 図 2.1 の正方形の面積）を最小にするようにして係数 a と b を求めることから最小二乗法といいます。

a, b を求める計算式は次のとおりです。

$$a = \bar{y} - b\bar{x}$$

$$b = \frac{\sum_{i=1}^{n}(x_i - \bar{x})(y_i - \bar{y})}{\sum_{i=1}^{n}(x_i - \bar{x})^2}$$

ここで、$\bar{x} = \sum_{i=1}^{n} \frac{x_i}{n} =$（$x$ の平均）、$\bar{y} = \sum_{i=1}^{n} \frac{y_i}{n} =$（$y$ の平均）です。

計算が大変そうですが、単回帰式は Excel の散布図で簡単に求められます。

図 2.1 中の右上の式が Excel の散布図で求められた単回帰式で、$a = 1.2027$, $b = 0.473$ と求められています。

2.1 1次式による近似

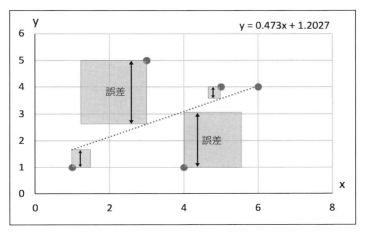

図 2.1　Excel の散布図

■散布図の描き方

(1) 図 2.2 のようにデータのセル範囲（A1：B6）を選択した状態で、リボンの［挿入］タブの［散布図］ボタンをクリックし、表示されるメニューから左上の［散布図］をクリックすると、図 2.3 のような散布図が作成されます。

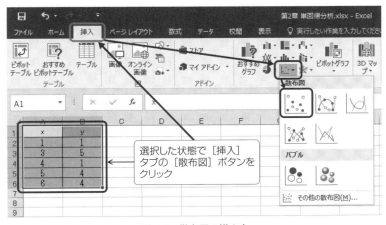

図 2.2　散布図の描き方

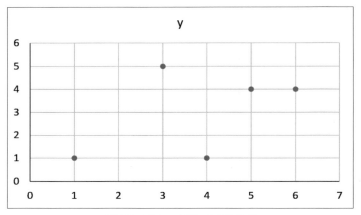

図 2.3　表 2.1 のデータの散布図

(2) 図 2.3 の散布図のいずれかのプロット（データの点）を右クリックすると、図 2.4 のようにメニューが現れるので、［近似曲線の追加］をクリックします。

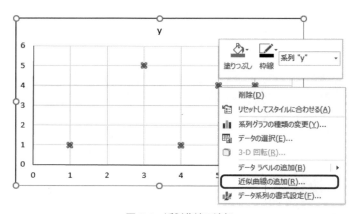

図 2.4　近似曲線の追加

(3) シート右側に［近似曲線の書式設定］ウィンドウが現れます。ここで、［線形近似］にチェックが入っていることを確認して、［グラフに数式を表示する］にチェックを入れます（図 2.5）。

2.1 1次式による近似

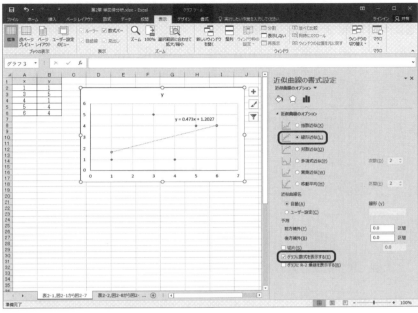

図 2.5 [近似曲線の書式設定] ウィンドウ

(4) 散布図に近似直線が描かれ、その式が表示されます（図 2.6）。この式が単回帰式です。

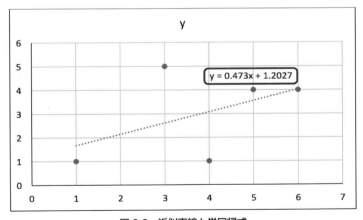

図 2.6 近似直線と単回帰式

このように Excel を利用して、簡単に単回帰式を求めることができます。

■具体的事例による単回帰分析

表 2.2 は、あるスポーツチームが発足してからのサポーターの人数が、何年目に何人になったかを示しています。

表 2.2 サポーターの数の時系列的変化

年数	サポーターの人数〔人〕
1	1,013
2	1,142
3	1,220
4	1,319
5	1,410
6	1,527
7	1,607

この例で単回帰式を求めると

$$y = 928 + 98x$$

となります。つまり

サポーターの人数 $= 928 + 98 \times$ 発足からの年数

となります。

この式の意味は「発足時点でサポーターは 928 人集まり、毎年 98 人ずつ増えている」と解釈できます。このデータを散布図にすると図 2.7 のようになります。

2.1 1次式による近似

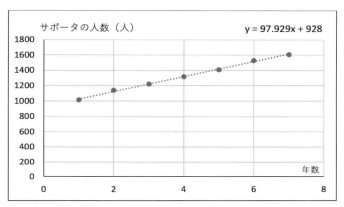

図 2.7　サポーターの数の時系列的変化

求められた単回帰式は予測に活用できます。例えば、x に 8 を代入することで、8 年目のサポーターの数は 1,712 人（$= 928 + 98 \times 8$）と予測できます。

回帰分析では、発足からの年数 x のような変数を**説明変数**あるいは独立変数と呼び、サポーターの人数 y のような変数を**目的変数**あるいは被説明変数、従属変数と呼んでいます。

2.1.2　相関係数

単回帰式の当てはまりのよさを表す指標として、相関または相関係数と呼ばれるものがあります。

相関とは、ある量とある量との**線形な関係**を示す用語で、**相関係数**はその関係の強さを表す指標です。

データ x_i, y_i（$i = 1, 2, \cdots, n$）が与えられたとき、x と y の相関係数 r を求める式は次のとおりです。

$$r = \frac{\sum_{i=1}^{n}(x_i - \overline{x})(y_i - \overline{y})}{\sqrt{\sum_{i=1}^{n}(x_i - \overline{x})^2}\sqrt{\sum_{i=1}^{n}(y_i - \overline{y})^2}}$$

ここで、$\overline{x} = \sum_{i=1}^{n}\dfrac{x_i}{n}$ ＝（x の平均）、$\overline{y} = \sum_{i=1}^{n}\dfrac{y_i}{n}$ ＝（y の平均）です。

第2章 単回帰分析

　相関係数 r は、常に -1 と 1 の間の値をとり、相関係数が正の値のときは**正の相関**があり、x が増加すると、y も増加します。相関係数が負の値のときは**負の相関**があり、x が増加すると、y が減少します。r が 1（または -1）に近いとき強い相関があり、0 に近いとき相関がないといえます。$r=1$（または $r=-1$）のときはプロットした点がすべて直線上に並びます。

　表2.2のデータから年数とサポーターの人数の相関係数 r を計算すると 0.9986 になり、強い正の相関があることがわかります。図2.8には相関係数の二乗となる R^2 の値（$r^2 = 0.9986^2 = 0.9973$）を表示していますが、これも Excel の散布図で簡単に求めることができます。

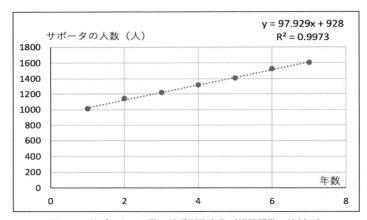

図 2.8　サポーターの数の時系列的変化（相関係数の値付き）

　図2.5の［近似曲線の書式設定］ウィンドウにおいて、図2.9のように［グラフに R-2 乗値を表示する］をチェックすると、グラフに R^2（$=r^2$）の値を表示することができます。

2.1　1次式による近似

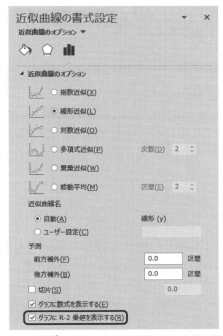

図2.9　R^2 の値を表示する近似曲線の書式設定

　通常、相関の有無の判定には、統計理論に基づいた検定方法（t 検定といいます）を利用しますが、Excelではサポートしていないこともあり、本書ではより簡単な方法（簡便法）を紹介します。これは、相関係数の二乗の値 r^2 について

$$r^2 > \frac{4}{データ数 + 2}$$

が成立するとき、相関があると判定する方法です。

　表2.2のサポーターの人数の例では、$r^2 = 0.9973$ が $\frac{4}{7+2} = 0.444$ より大きくなりますので、相関があると判定できます。

　　　（注）　相関の有無の判定の結果、相関があると判断できなかったとき「相関がない」とはいいません。単にデータ数を増やしただけで相関があると判定できるようになることもあるので、相関がある

31

と判断できないときは「このデータからは相関があるとはいえない」と判定します。

2.2 対数近似

対数近似では、説明変数 x を対数に変換してから単回帰分析を利用します。すなわち、x で y を説明する式として

$$y = a + b\log(x)$$

の式を利用します。ここで、$\log(x)$ は底を $e = 2.718\cdots$ とした自然対数で、$\ln(x)$ とも表記します。Excel では LN 関数を用いて計算します。

表 2.3 は、ある事項についての調査時間と、その時間をかけて調べることができた事柄のカバー率(%)を示したデータです。カバー率とは、その事柄で調べる対象すべての内容のうち、調べることができた部分の比率を示しています。このデータを対数近似で近似してみましょう。

表 2.3 ある事柄を調査するときのカバー率の時系列的変化

時間	カバー率〔%〕
1	66
2	69
3	73
4	76
8	79
16	85
24	87
32	89
40	90

カバー率を y、時間を x とし、$\log(x)$ を求めます(表 2.4)。

2.2 対数近似

表2.4 log(x)とカバー率 y のデータ

log(x)	カバー率 y〔%〕
0	66
0.693147	69
1.098612	73
1.386294	76
2.079442	79
2.772589	85
3.178054	87
3.465736	89
3.688879	90

表2.4のデータに対して、Excel散布図(図2.10)より単回帰式を求めると

$$y = 65.585 + 6.7386\,x' \qquad \text{ただし、}x' = \log(x)$$

となります。すなわち、$a = 65.585$, $b = 6.7386$ です。

ここで x' を $\log(x)$ に置き換えると

$$y = 65.585 + 6.7386\log(x)$$

という式が得られます。これが対数近似による近似式です。

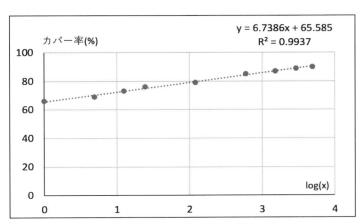

図2.10 log(x)とカバー率の散布図

(注) Excel では $\log_e$ の関数名は LN です。

(注) $\log(x) \to x'$ とすることを**変数変換**と呼びます。$\sqrt{x} \to x''$ も変数変換の一種です。

　図 2.10 より、R^2 値（相関係数の二乗の値 r^2）が 0.9937 とほぼ 1 となっていることから、この近似が、かなりよい近似になっていることがわかります。

　時間 x とカバー率 y の散布図を描いてみると（図 2.11）、データがほぼ対数近似の線上に乗っていることがわかります。

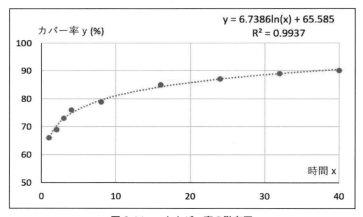

図 2.11　x とカバー率の散布図

　時間をかければかけるほどカバー率は上がりますが、時間が経過するほど上昇がゆるやかになり、カバー率は大きくは上がりません。このような時系列データには対数近似が適しています。

　図 2.11 には、［近似曲線の書式設定］ウィンドウで［対数近似］を選択して、対数近似の近似曲線を表示し、さらに近似式および R^2 値も表示させています。このように Excel の散布図で簡単に対数近似を実施することも可能です。

2.3 べき乗近似

べき乗近似では、x で y を説明する式として

$$y = a \cdot x^b$$

の式を利用します。これを単回帰分析で扱うため、両辺の対数をとります。

$$\log(y) = \log(a) + b\log(x)$$

ここで $y' = \log(y)$, $a' = \log(a)$, $x' = \log(x)$ として

$$y' = a' + bx'$$

を得ます。このように式を変形して x' と y' のデータを使った単回帰分析により、a, b を求めて、べき乗近似を実施します。

(注) $y' \to y$, $a' \to a$, $x' \to x$ と書けば、$y = a + bx$ となります。

表 2.5 は、2005〜2015 年の国内フィットネスクラブの利用者数の推移を示したデータです。このデータについて、べき乗近似を実施してみます。

表 2.5 国内フィットネスクラブの利用者数の推移
(経産省特定サービス産業動態統計調査—長期データより)

西暦	経過年	フィットネスクラブ利用者数〔万人〕
2005	1	15,775
2006	2	18,090
2007	3	18,885
2008	4	19,857
2009	5	19,991
2010	6	20,493
2011	7	20,563
2012	8	22,360
2013	9	23,047
2014	10	22,388
2015	11	22,765

経過年を x、利用者数を y として、$\log(x), \log(y)$ を求めます（表2.6）。

表 2.6　log(x) と log(y) を求める

経過年 x	$\log(x)$	$\log(y)$
1	0	9.666182
2	0.693147	9.803115
3	1.098612	9.846123
4	1.386294	9.896312
5	1.609438	9.903038
6	1.791759	9.927839
7	1.94591	9.931249
8	2.079442	10.01503
9	2.197225	10.04529
10	2.302585	10.01628
11	2.397895	10.03298

表2.6 のデータに対して、Excel 散布図（図2.12）より単回帰式を求めると

$$y' = 9.6767 + 0.1508\, x' \quad \text{ただし、} y' = \log(y),\ x' = \log(x)$$

となります。すなわち、$a' = 9.6767,\ b = 0.1508$ です。これより、a を求めると

$$a = e^{9.6767} = 15942$$

と求められます。これにより

$$y = 15942 \times x^{0.1508}$$

と、べき乗近似の近似式が求められます。

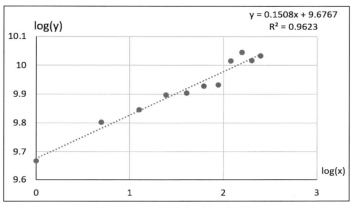

図 2.12　log(x) と log(y) の散布図

　図 2.12 より、R^2 値（相関係数の二乗の値 r^2）が 0.9623 と 1 に近い値になっていることから、この近似がよい近似になっているといえます。

　経過年と利用者数の散布図を描いてみると（図 2.13）、データがべき乗近似（累乗近似）の線によく沿っていることがわかります。

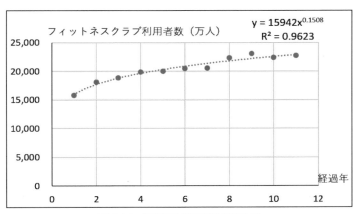

図 2.13　経過年と利用者数の散布図

図 2.13 では［近似曲線の書式設定］ウィンドウで［累乗近似］を選択して、べき乗近似の近似曲線を表示し、さらに近似式および R^2 値も表示させています。このように Excel の散布図で簡単にべき乗近似を実施することも可能です。

　　（注）　Excel ではべき乗近似のことを「累乗近似」と表記しています。

2.4　指数近似

指数近似では、x で y を説明する式として

$$y = a \cdot e^{bx}$$

の式を利用します。

これを単回帰分析で扱うには両辺の対数をとります。

$$\log(y) = \log(a) + bx$$

ここで、$y' = \log(y)$, $a' = \log(a)$ として

$$y' = a' + bx$$

を得ます。このように式変形して x と y' のデータを使って単回帰分析して a, b を求めて、指数近似を実現します。

表 2.7 にシステムの開発年数と、システムの性能を示します。ここでのシステムの性能は、半導体の処理速度です。半導体の処理能力、処理速度は年々大幅に伸びており、このようなデータには指数近似が適しています。

2.4 指数近似

表 2.7 半導体の速度性能の時系列的変化

年数	システムの性能
1	0.1
3	1
7	1
11	3
14	9
16	9
18	10
19	25
20	30
21	50
22	70
23	100
24	120
25	140

システムの開発年数を x、システムの性能を y として、$\log(y)$ を求めます（表 2.8）。

表 2.8 システムの開発年数と log(y) のデータ

年数	$\log(y)$
1	-2.30259
3	0
7	0
11	1.098612
14	2.197225
16	2.197225
18	2.302585
19	3.218876
20	3.401197
21	3.912023
22	4.248495
23	4.60517
24	4.787492
25	4.941642

表 2.8 のデータに対して、Excel の散布図（図 2.14）より単回帰式を求めると

$$y' = -1.8443 + 0.2698\,x \qquad \text{ただし、} y' = \log(y)$$

となります。すなわち $a' = -1.8443,\ b = 0.2698$ です。これより、a を求めると、

$$a = e^{-1.8443} = 0.1581$$

となります。これにより

$$y = 0.1581 \times e^{0.2698\,x}$$

の指数近似の近似式が求められます。

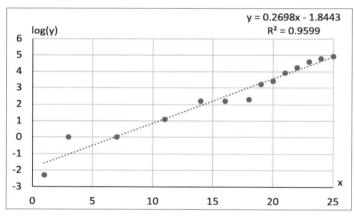

図 2.14　年数 x と log(y) の散布図

図 2.14 より、R^2 値（相関係数の二乗の値 r^2）が 0.9599 と 1 に近い値になっていることから、この近似がよい近似になっているといえます。

年数 x とシステムの性能 y の散布図を描いてみると（図 2.15）、データが指数近似の線によく沿っていることがわかります。

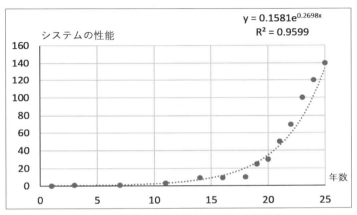

図 2.15　年数 x とシステムの性能 y の散布図

図 2.15 では、[近似曲線の書式設定] ウィンドウで [指数近似] を選択して、指数近似の近似曲線を表示し、さらに近似式および R^2 値を表示しています。このように Excel の散布図で簡単に指数近似を実施することも可能です。

■ Excel の［近似曲線の書式設定］ウィンドウ

元データの対数を求めて単回帰分析を実施することで、対数近似、べき乗近似、指数近似の近似式が求められますが、図 2.11、図 2.13、図 2.15 に示したように Excel の［近似曲線の書式設定］ウィンドウ（図 2.16）で［近似曲線名］の中から［対数近似］、［累乗近似］、［指数近似］を選択することで、表 2.3、表 2.5、表 2.7 のデータから簡単にそれぞれの近似曲線と近似式を求めることができます。

第2章 単回帰分析

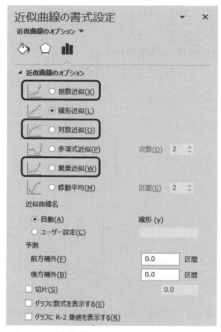

図 2.16 [近似直線の書式設定] ウィンドウ

まとめ

- x で y を説明する式

  $y = a + bx$

  を単回帰式といいます。単回帰分析ではこの単回帰式を求めて予測を行います。
- 単回帰式のあてはまりのよさを表す指標として相関係数を用います。
- 対数近似、べき乗近似、指数近似は、変数変換を実施した単回帰分析として実施できます。
- Excel の散布図で [近似曲線の書式設定] ウィンドウを利用すると、簡単に対数近似、べき乗近似、指数近似を求めることができます。

▶ 参考文献

- 『Excelで学ぶ回帰分析入門』上田太一郎・小林真紀・渕上美喜 共著、オーム社
- 『オペレーションズ・リサーチ』1997年7月号「相関があるかを見つける簡便法」
  上田太一郎 著、日本オペレーションズ・リサーチ学会
- 『平成13年通産白書』「第2章 IT革命とビジネスのダイナミズム」経産省
- 「経産省特定サービス産業動態統計調査―長期データ」
  http://www.meti.go.jp/statistics/tyo/tokusabido/result/result_1.html

第3章 重回帰分析

3.1 重回帰分析

重回帰分析とは、xとyの2つの変数間にある関係を**重回帰式**で表し、予測を行う手法です。データの組xとyがあり、yを説明する変数xが2個以上ある式を重回帰式と呼びます。すなわち、重回帰式は次のように表現されます。

$$y = a + b_1 x_1 + b_2 x_2 + \cdots + b_k x_k$$

ここで、yを目的変数（被説明変数）、x_iを説明変数、aを切片、b_iを回帰係数といいます。kは説明変数の個数となります。

3.1.1 最適な回帰式を求める手順

重回帰分析では複数の説明変数がありますが、そのすべての説明変数が分析に役立つ変数とは限りません。そのため、分析に役立たない説明変数を削除する作業が必要となります。次の手順で、役立つ説明変数だけで示される「最適な回帰式」を求めます。

(1) すべての説明変数を用いて、回帰分析を実行します。
(2) 回帰分析結果で **P-値** が最大となった説明変数を除いて、回帰分析を実

行します。P-値とは危険率と呼ばれる統計的な確率値で、説明変数が役に立つほど小さい値を示します。

(3) 同様に回帰分析結果で P-値が最大となった説明変数を、順に減らしていき、最終的に説明変数が1つになるまで繰り返し回帰分析を実行します。
(4) それぞれの回帰分析結果から**説明変数選択規準 Ru** を求め、Ru が最大となったときの重回帰式を、最適な回帰式として採用します。

説明変数選択規準 Ru は次の式で求めます。

$$Ru = 1 - (1-R^2) \times \frac{(データ数 + 説明変数の個数 + 1)}{(データ数 - 説明変数の個数 - 1)}$$

表3.1 は、20種類の食器乾燥機の発売前のアンケートの結果と、その食器乾燥機を初めて売り出したときの初月販売数のデータです。このデータについて重回帰分析で分析してみましょう。

表3.1 食器乾燥機のデータ

商品	洗浄力が強い	サイズが小さい	操作が簡単	ブランド力	広告が目につく	価格が安い	食器を入れやすい	デザインが良い	初月販売数
商品1	99	94	20	17	33	76	61	32	700
商品2	99	76	74	26	62	7	44	26	690
商品3	99	84	50	6	60	8	44	23	660
商品4	99	84	32	25	51	28	42	31	530
商品5	77	37	54	29	38	12	29	22	360
商品6	84	33	38	16	41	6	29	15	310
商品7	94	66	21	4	26	43	39	58	300
商品8	98	50	11	3	23	24	25	32	270
商品9	91	35	30	18	34	21	31	23	240
商品10	46	26	47	31	34	16	32	19	230
商品11	72	23	39	8	31	15	23	36	220
商品12	33	15	84	20	47	12	32	27	200
商品13	52	27	15	8	13	31	25	19	150
商品14	85	20	11	2	16	50	28	32	120
商品15	56	14	28	13	29	13	37	26	120
商品16	43	25	11	3	33	6	29	17	110
商品17	60	7	11	5	8	21	21	54	90
商品18	79	17	8	1	6	25	25	39	70
商品19	30	17	5	1	14	52	26	34	60
商品20	20	8	19	5	14	23	21	30	50

3.1 重回帰分析

(1) すべての説明変数を利用して重回帰分析を実行します。重回帰分析の計算には Excel の「分析ツール」を利用します。図 3.1 のように［データ］タブの［データ分析］ボタンをクリックします。

(注) ［データ分析］ボタンが表示されていない場合は、章末の「「分析ツール」の読み込み方法」を参照して「分析ツール」をインストールしてください。

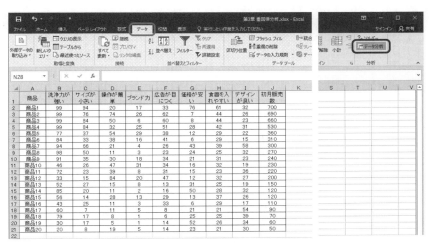

図 3.1　分析ツールの利用

(2) ［データ分析］（分析ツール）ウィンドウが開きます（図 3.2）。［回帰分析］を選択して［OK］ボタンをクリックします。

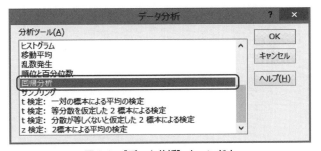

図 3.2　［データ分析］ウィンドウ

(3) ［回帰分析］ウィンドウが開きます（図 3.3）。［入力 Y 範囲］に J 列の目的変数のデータ（J1：J21）をラベルを含めてドラッグすることで指定します。［入力 X 範囲］には B 列から I 列の説明変数のデータ（B1：I21）をラベルを含めてドラッグすることで指定します。これらのデータをラベルを含めて入力したので［ラベル］をチェックしておきます。

図 3.3 ［回帰分析］ウィンドウ

(4) ［OK］ボタンをクリックすると、図 3.4 のような重回帰分析の結果が出力されます。

3.1 重回帰分析

概要

回帰統計	
重相関 R	0.977419
重決定 R2	0.955348
補正 R2	0.922875
標準誤差	58.77693
観測数	20

分散分析表

	自由度	変動	分散	観測された分散比	有意 F
回帰	8	813078	101634.8	29.41904	2.31E-06
残差	11	38002	3454.727		
合計	19	851080			

	係数	標準誤差	t	P-値	下限 95%	上限 95%	下限 95.0%	上限 95.0%
切片	-75.7689	100.7253	-0.75223	0.467702	-297.464	145.9259	-297.464	145.9259
洗浄力が強い	0.788115	0.85515	0.92161	0.376503	-1.09406	2.670287	-1.09406	2.670287
サイズが小さい	5.813629	1.526698	3.807976	0.002903	2.453389	9.173869	2.453389	9.173869
操作が簡単	3.008793	1.569182	1.917428	0.081508	-0.44495	6.46254	-0.44495	6.46254
ブランド力	0.036918	2.18331	0.016909	0.986812	-4.76851	4.842351	-4.76851	4.842351
広告が目につく	-1.67005	3.258985	-0.51244	0.618473	-8.84302	5.502933	-8.84302	5.502933
価格が安い	-0.35666	1.490121	-0.23935	0.815237	-3.63639	2.923077	-3.63639	2.923077
食器を入れやすい	2.866972	3.260204	0.879384	0.397997	-4.30869	10.04263	-4.30869	10.04263
デザインが良い	-1.69897	1.689368	-1.00568	0.336179	-5.41724	2.019306	-5.41724	2.019306

図 3.4 8 個すべての説明変数による回帰分析の結果

(5) 図 3.4 左下部の [係数] と示される数値のうち、切片の係数にあたる -75.77 が重回帰式の a を示し、各説明変数の係数にあたる $0.788115 \sim -1.69897$ の数値が b_i を示しています。これより 8 個すべての説明変数を使った場合の重回帰式は、次のように求められます。

$y = -75.77$
 $+ 0.79 \times$ 洗浄力が強い
 $+ 5.81 \times$ サイズが小さい
 $+ 3.01 \times$ 操作が簡単
 $+ 0.04 \times$ ブランド力
 $- 1.67 \times$ 広告が目につく
 $- 0.36 \times$ 価格が安い
 $+ 2.87 \times$ 食器を入れやすい
 $- 1.70 \times$ デザインが良い

第 3 章　重回帰分析

(6) 最適な回帰式を求めるため、不要な説明変数を減らします。危険率を示す P-値が最大の説明変数は「ブランド力」なので、まずこの列を消して重回帰分析を行います。先ほどと同じ手順で Excel の分析ツールを使って回帰分析を行います。「ブランド力」を除く残り 7 つの説明変数を利用した重回帰分析の結果を図 3.5 に示します。

（注）［データ分析］の［重回帰分析］を実行するためには説明変数が連続したセルでないといけないため、「ブランド力」の E 列を削除する必要があります。

概要

回帰統計	
重相関 R	0.977419
重決定 R2	0.955347
補正 R2	0.9293
標準誤差	56.27535
観測数	20

分散分析表

	自由度	変動	分散	観測された分散比	有意 F
回帰	7	813077	116153.9	36.67728	3.58E-07
残差	12	38002.99	3166.916		
合計	19	851080			

	係数	標準誤差	t	P-値	下限 95%	上限 95%	下限 95.0%	上限 95.0%
切片	-75.5694	95.77426	-0.78904	0.4454	-284.244	133.1048	-284.244	133.1048
洗浄力が強い	0.789518	0.814889	0.968866	0.351735	-0.98597	2.565008	-0.98597	2.565008
サイズが小さい	5.815104	1.459333	3.984769	0.001811	2.635491	8.994718	2.635491	8.994718
操作が簡単	3.022898	1.272542	2.37548	0.03505	0.250267	5.795529	0.250267	5.795529
広告が目につく	-1.67982	3.070814	-0.54703	0.594387	-8.37055	5.010911	-8.37055	5.010911
価格が安い	-0.35655	1.426688	-0.24991	0.806881	-3.46503	2.751936	-3.46503	2.751936
食器を入れやすい	2.875657	3.08247	0.932907	0.369259	-3.84047	9.591781	-3.84047	9.591781
デザインが良い	-1.70976	1.497606	-1.14166	0.275865	-4.97276	1.553244	-4.97276	1.553244

図 3.5　7 個の説明変数による回帰分析の結果

(7) ここで、説明変数選択規準 Ru の値を求めます。R^2 の値には図 3.5 の［回帰統計］に示された［重決定 R2］の値 0.955347 を使います。

$$Ru = 1 - (1 - R^2) \times \frac{(データ数 + 説明変数の個数 + 1)}{(データ数 - 説明変数の個数 - 1)}$$

$$= 1 - (1 - 0.955347) \times \frac{(20 + 7 + 1)}{(20 - 7 - 1)}$$

$$= 0.8958$$

図 3.4 の結果から、8 個の説明変数すべてを利用した場合の説明変数選択規準 Ru を求めると、次のように求められます。

$$Ru = 1 - (1 - R^2) \times \frac{(データ数 + 説明変数の個数 + 1)}{(データ数 - 説明変数の個数 - 1)}$$
$$= 1 - (1 - 0.955348) \times \frac{(20 + 8 + 1)}{(20 - 8 - 1)}$$
$$= 0.8823$$

7 個の説明変数を利用したときの Ru の値 0.8958 が 8 個の説明変数を利用したときの Ru 値より大きいので「ブランド力」の説明変数は最適な回帰式には含まれないことがわかります。

(8) 同様に、1 つずつ順に P-値が最大となる説明変数を取り除いて回帰分析を実施し、Ru が最も大きくなるときの重回帰式を求めます。この結果、「サイズが小さい」と「操作が簡単」の 2 個の説明変数を利用したときに Ru が最大になりました(図 3.6)。

概要

回帰統計	
重相関 R	0.972182
重決定 R2	0.945138
補正 R2	0.938684
標準誤差	52.40783
観測数	20

分散分析表

	自由度	変動	分散	観測された分散比	有意 F
回帰	2	804388.1	402194.1	146.4345	1.92E-11
残差	17	46691.87	2746.58		
合計	19	851080			

	係数	標準誤差	t	P-値	下限 95%	上限 95%	下限 95.0%	上限 95.0%
切片	-59.0296	24.02277	-2.45724	0.025042	-109.713	-8.346	-109.713	-8.346
サイズが小さい	6.612159	0.44578	14.83277	3.7E-11	5.671644	7.552674	5.671644	7.552674
操作が簡単	2.711473	0.557253	4.865786	0.000145	1.535772	3.887174	1.535772	3.887174

図 3.6 2 個の説明変数による最適な回帰分析の結果

これより、食器乾燥機の初月販売数についての最適な回帰式は次のようになります。

第3章　重回帰分析

初月販売数 $y = -59.03$
$\qquad + 6.61 \times$ サイズが小さい
$\qquad + 2.71 \times$ 操作が簡単

説明変数が1個から3個のときの Ru の値を確認してみます。説明変数が3個の場合の回帰分析結果を図3.7に、1個の場合の回帰分析結果を図3.8に示します。

概要

回帰統計	
重相関 R	0.973836
重決定 R2	0.948356
補正 R2	0.938673
標準誤差	52.41257
観測数	20

分散分析表

	自由度	変動	分散	観測された分散比	有意 F
回帰	3	807126.8	269042.3	97.93762	1.65E-10
残差	16	43953.24	2747.078		
合計	19	851080			

	係数	標準誤差	t	P-値	下限 95%	上限 95%	下限 95.0%	上限 95.0%
切片	-19.8614	46.00091	-0.43176	0.671677	-117.379	77.6562	-117.379	77.6562
サイズが小さい	6.654220	0.447808	14.85957	8.8E-11	5.704926	7.603548	5.704926	7.603548
操作が簡単	2.501362	0.59571	4.198962	0.00068	1.238514	3.76421	1.238514	3.76421
デザインが良い	-1.15548	1.157265	-0.99846	0.332918	-3.60877	1.297809	-3.60877	1.297809

図 3.7　3個の説明変数による回帰分析の結果

概要

回帰統計	
重相関 R	0.932058
重決定 R2	0.868732
補正 R2	0.861439
標準誤差	78.78225
観測数	20

分散分析表

	自由度	変動	分散	観測された分散比	有意 F
回帰	1	739360.4	739360.4	119.1241	2.29E-09
残差	18	111719.6	6206.642		
合計	19	851080			

	係数	標準誤差	t	P-値	下限 95%	上限 95%	下限 95.0%	上限 95.0%
切片	4.347383	30.34346	0.143272	0.887667	-59.4019	68.09662	-59.4019	68.09662
サイズが小さい	7.114845	0.651877	10.9144	2.29E-09	5.745302	8.484388	5.745302	8.484388

図 3.8　1個の説明変数による回帰分析の結果

図 3.6 〜図 3.8 より、それぞれの Ru を求めると表 3.2 のようになります。

表 3.2　説明変数の数と Ru の値

説明変数の数	Ru
1	0.8396
2	0.9258
3	0.9225

表 3.2 から、説明変数が 2 個のときに Ru は極大値をとっていることがわかります。

■ 3.1.2　時系列データを対象とした重回帰分析の例

本項では、時系列データに対して重回帰分析を実行した例を示します。

表 3.3 は 2015 年 12 月 22 日から 2016 年 3 月 6 日までの円相場のデータです。前日の始値、高値、安値の 3 つの説明変数から、重回帰分析によって終値を予測する最適な回帰式を求めてみましょう。

表 3.3　円相場のデータ

日付	前日始値	前日高値	前日安値	終値
2015 年 12 月 22 日	121.21	121.55	120.83	121.08
2015 年 12 月 23 日	121.16	121.33	120.7	120.93
2015 年 12 月 24 日	121.06	121.14	120.78	120.44
2015 年 12 月 25 日	120.9	121	120.22	120.42
2015 年 12 月 28 日	120.46	120.48	120.02	120.41
2015 年 12 月 29 日	120.22	120.66	120.15	120.47
2015 年 12 月 30 日	120.38	120.5	120.2	120.52
2015 年 12 月 31 日	120.46	120.67	120.32	120.32
2016 年 1 月 1 日	120.49	120.6	119.98	120.33
2016 年 1 月 4 日	120.27	120.33	120.27	119.44
2016 年 1 月 5 日	120.27	120.47	118.68	119.06
2016 年 1 月 6 日	119.41	119.71	118.77	118.47
2016 年 1 月 7 日	119.05	119.17	118.22	117.68
2016 年 1 月 8 日	118.46	118.77	117.3	117.45
2016 年 1 月 11 日	117.66	118.77	117.42	117.77
2016 年 1 月 12 日	117.43	118.03	116.68	117.64
2016 年 1 月 13 日	117.73	118.08	117.2	117.69
2016 年 1 月 14 日	117.64	118.39	117.61	118.05

表 3.3　円相場のデータ（つづき）

日付	前日始値	前日高値	前日安値	終値
2016 年 1 月 15 日	117.66	118.28	117.27	117.06
2016 年 1 月 18 日	118.02	118.28	116.49	117.34
2016 年 1 月 19 日	116.88	117.47	116.55	117.64
2016 年 1 月 20 日	117.31	118.13	117.23	116.94
2016 年 1 月 21 日	117.61	117.69	115.96	117.7
2016 年 1 月 22 日	116.92	117.83	116.45	118.78
2016 年 1 月 25 日	117.7	118.89	117.52	118.3
2016 年 1 月 26 日	118.5	118.86	118.16	118.42
2016 年 1 月 27 日	118.29	118.62	117.63	118.67
2016 年 1 月 28 日	118.41	119.08	118.01	118.83
2016 年 1 月 29 日	118.67	119	118.39	121.06
2016 年 2 月 1 日	118.8	121.7	118.48	120.98
2016 年 2 月 2 日	121.1	121.48	120.66	119.97
2016 年 2 月 3 日	120.98	121.06	119.82	117.92
2016 年 2 月 4 日	119.94	120.06	117.03	116.77
2016 年 2 月 5 日	117.88	118.25	116.5	116.9
2016 年 2 月 8 日	116.77	117.42	116.42	115.84
2016 年 2 月 9 日	116.88	117.53	115.17	115.11
2016 年 2 月 10 日	115.84	115.86	114.22	113.34
2016 年 2 月 11 日	115.12	115.28	113.12	112.42
2016 年 2 月 12 日	113.31	113.59	110.98	113.22
2016 年 2 月 15 日	112.4	113.55	111.72	114.58
2016 年 2 月 16 日	113.2	114.72	113.04	114.08
2016 年 2 月 17 日	114.57	114.89	113.57	114.11
2016 年 2 月 18 日	114.06	114.52	113.35	113.25
2016 年 2 月 19 日	114.09	114.33	113.11	112.57
2016 年 2 月 22 日	113.23	113.4	112.28	112.92
2016 年 2 月 23 日	112.61	113.39	112.34	112.11
2016 年 2 月 24 日	112.88	113.06	111.75	112.19
2016 年 2 月 25 日	112.09	112.28	111.04	113
2016 年 2 月 26 日	112.17	113.03	111.87	114
2016 年 2 月 29 日	112.98	114	112.54	112.69
2016 年 3 月 1 日	113.84	114.01	112.62	114.01
2016 年 3 月 2 日	112.67	114.21	112.14	113.48
2016 年 3 月 3 日	114	114.58	113.19	113.69
2016 年 3 月 4 日	113.48	114.28	113.28	113.76
2016 年 3 月 6 日	113.68	114.26	113.15	113.83

このデータで重回帰分析を実行すると、Ru が最も大きいのは前日の始値、前日の高値、前日の安値のすべての説明変数を利用するときでした。このときの回帰分析結果を図 3.9 に示します。

概要

回帰統計	
重相関 R	0.9571297
重決定 R2	0.9160972
補正 R2	0.9111617
標準誤差	0.8642335
観測数	55

分散分析表

	自由度	変動	分散	観測された分散比	有意 F
回帰	3	415.90813	138.63604	185.6154	1.995E-27
残差	51	38.091873	0.7468995		
合計	54	454			

	係数	標準誤差	t	P-値	下限 95%	上限 95%
切片	9.5039841	5.1618345	1.8412028	0.0714117	-0.858831	19.866799
前日始値	-0.72006	0.2625824	-2.742225	0.0083966	-1.247216	-0.192904
前日高値	0.740476	0.2721193	2.7211444	0.0088772	0.1941736	1.2867784
前日安値	0.8988106	0.2119425	4.2408232	9.376E-05	0.4733183	1.3243029

図 3.9 円相場のデータの回帰分析結果

図 3.9 より最適な回帰式は

$$\text{終値 } y = 9.5039841 - 0.72006 \times \text{前日始値} \\ + 0.740476 \times \text{前日高値} \\ + 0.8988106 \times \text{前日安値}$$

と求められます。

この式を使って 2016 年 3 月 7 日の終値を予測してみます。前日 2016 年 3 月 6 日の始値、高値、安値と、実際の 2016 年 3 月 7 日の終値のデータは表 3.4 のとおりでした。

表3.4 2016年3月7日のデータ

日付	前日始値	前日高値	前日安値	終値
2016年3月7日	113.95	113.95	113.77	113.6

表3.4の前日始値、前日高値、前日安値を先ほどの回帰式に代入します。

$$\begin{aligned} y &= 9.5039841 - 0.72006 \times 113.95 + 0.740476 \times 113.95 \\ &\quad + 0.8988106 \times 113.77 \\ &= 114.09 \end{aligned}$$

2016年3月7日の終値は114.09円と予測されました。表3.4の実際の終値は113.6円でしたので、相対誤差0.43%で予測できたことになります。

$$\begin{aligned} 相対誤差 &= \left| \frac{予測値 - 実際の値}{実際の値} \right| \\ &= \left| \frac{114.09 - 113.6}{113.6} \right| \\ &= 0.43\% \end{aligned}$$

3.2 2次式による近似

重回帰分析を利用して、**2次式による近似**を行うことができます。

2次式による近似の場合、y を x で説明する式として

$$y = a + b_1 x + b_2 x^2$$

の式を利用します。これを重回帰分析で扱うために、x のデータから x^2 のデータを作成します。そして、もとの x を x_1 として、x^2 を x_2 として、次の式を得ます。

$$y = a + b_1 x_1 + b_2 x_2$$

3.2 2次式による近似

この式は重回帰分析の式になっています。すなわち、重回帰分析を実行して係数の a や b_i を求めることで、2次式による近似を行うことができます。

（注）　$x^2 \to x_2$ も変数変換の一種です。

具体的データを使って2次式による近似を実施してみましょう。表3.5 はある店舗の数の時系列的変化のデータです。

表 3.5　店舗数の時系列的変化

経過年	店舗数
1	316
2	329
3	338
4	344
5	351

(1) 表3.5 の経過年のデータを $x = x_1$ として、$x^2 = x_2$ の値を求めます。その結果を表3.6 に示します。

表 3.6　変数変換による説明変数データと店舗数

$x = x_1$	$x^2 = x_2$	店舗数
1	1	316
2	4	329
3	9	338
4	16	344
5	25	351

(2) 表3.6 のデータで、回帰分析を実行します。その結果を図3.10 に示します。

概要

回帰統計	
重相関 R	0.998225
重決定 R2	0.996454
補正 R2	0.992907
標準誤差	1.146423
観測数	5

分散分析表

	自由度	変動	分散	測された分散	有意 F
回帰	2	738.5714	369.2857	280.9783	0.003546
残差	2	2.628571	1.314286		
合計	4	741.2			

	係数	標準誤差	t	P-値	下限 95%	上限 95%	下限 95.0%	上限 95.0%
切片	302.6	2.458803	123.068	6.6E-05	292.0206	313.1794	292.0206	313.1794
$x = x_1$	14.92857	1.873772	7.967124	0.015391	6.866382	22.99076	6.866382	22.99076
$x^2 = x_2$	-1.07143	0.306394	-3.49689	0.072943	-2.38974	0.24688	-2.38974	0.24688

図 3.10　回帰分析の実行結果

（3）図 3.10 の結果から、次の 2 次式が得られます。

$$y = 302.6 + 14.929x - 1.0714x^2$$

経過年 x と店舗数 y のグラフを描いてみましょう。図 3.11 に示します。

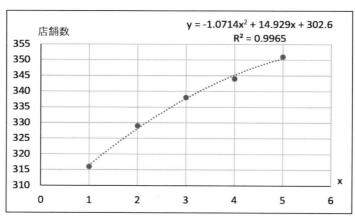

図 3.11　店舗数のグラフ（2 次式による近似）

グラフからも、この 2 次式がよい近似になっていることがわかります。

(4) 1次式での近似も確認してみましょう。その結果を図 3.12 に示します。

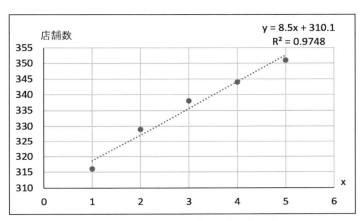

図 3.12　店舗数のグラフ（1 次式による近似）

(5) 図 3.11 と図 3.12 の R^2 値を用いて 2 次式と 1 次式の場合の Ru を求めてみます。その結果を表 3.7 に示します。

表 3.7　近似式の種類と Ru の値

近似式	説明変数の数	R^2	Ru
2 次式	2	0.9965	0.986
1 次式	1	0.9748	0.9412

表 3.7 からも、2 次式の近似式の方が Ru の値が大きく、よりよい近似式であることがわかります。

3.3 多項式による近似

2次式による近似と同様に、重回帰分析を利用して**多項式による近似**を行うことができます。一般の多項式による近似の場合、y を x で説明する式として

$$y = a + b_1 x + b_2 x^2 + \cdots + b_i x^i + \cdots + b_k x^k$$

の式を利用します。これを重回帰分析で扱うために、x のデータから x^i のデータを作成します。そして、もとの x を x_1 として、x^i を x_i として、次の式を得ます。

$$y = a + b_1 x_1 + b_2 x_2 + \cdots + b_i x_i + \cdots + b_k x_k$$

この式は重回帰分析の式になっています。すなわち、重回帰分析を実行して係数の a や b_i を求めることで、多項式による近似を行うことができます。

具体的データを使って多項式の近似曲線を求めてみましょう。表 3.8 はある製品の販売量と経過年の関係を記録したデータです。

表 3.8 ある製品の販売量の時系列的変化

経過年 (x)	販売量 (y)
1	3.1
2	7.2
3	7.3
4	13.0
5	9.9
6	10.5
7	18.5
8	24.0
9	27.8

(1) まず、$x^i = x_i$ を計算します。ここでは 4 次の多項式までを考えることにして、$x^4 = x_4$ まで計算します。その結果を表 3.9 に示します。

3.3 多項式による近似

表 3.9 変数変換による説明変数データと販売量

$x^1=x_1$	$x^2=x_2$	$x^3=x_3$	$x^4=x_4$	販売量（y）
1	1	1	1	3.10
2	4	8	16	7.20
3	9	27	81	7.30
4	16	64	256	13.00
5	25	125	625	9.90
6	36	216	1,296	10.50
7	49	343	2,401	18.50
8	64	512	4,096	24.00
9	81	729	6,561	27.80

(2) 表3.9のデータについて回帰分析を実行して多項式による近似を行います。$x^1=x_1$ から $x^4=x_4$ までのデータを使用すると4次の多項式による近似が実施できますが、$x^3=x_3$ までのデータで3次、$x^2=x_2$ までのデータで2次、$x^1=x_1$ のデータで1次の近似も実施できます。

1次、2次、3次、4次の各多項式による近似の結果を図3.13、図3.14、図3.15、図3.16に示します。図3.13～図3.16には経過年12年までの予測の状態も、近似曲線（1次式の場合は近似直線）を外挿することで表示しています。

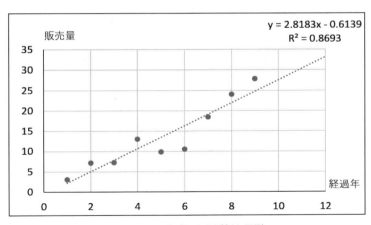

図 3.13　1次式による近似と予測

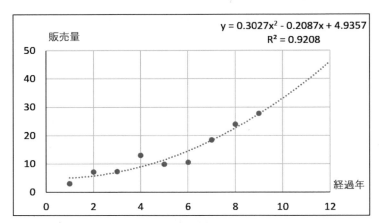

図3.14 2次式による近似と予測

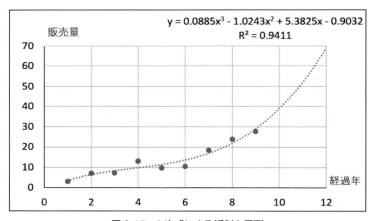

図3.15 3次式による近似と予測

3.3 多項式による近似

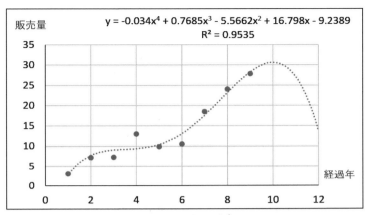

図3.16 4次式による近似と予測

4次の多項式近似では近似曲線がいびつになっており、それほどよい近似ではなさそうです。次数を増やしたからといってよい近似が得られるわけではありません。

(3) 変数選択規準 Ru を求めて、最適な回帰モデルを求めます。

各近似の変数選択規準 Ru の算出結果を R^2 の値とともに表3.10に示します。

表3.10 近似式の種類と Ru の値

近似式	説明変数の数	R^2	変数選択規準 Ru
1次式	1	0.8693	0.795
2次式	2	0.9208	0.842
3次式	3	0.9411	0.847
4次式	4	0.9535	0.837

R^2 は次数を上げるにつれて増加していますが、変数選択規準 Ru は3次式が最も大きく、3次式が近似式として最適であることを示しています。

ここまでは主に Excel の分析ツールの回帰分析を使って、多項式による近似を求める方法を述べてきました。しかし、第2章で示した Excel 散布図の近似曲線の追加を利用すると、より簡単に多項式近似の近似式と近似曲線を求める

ことができます。

　表 3.8 のデータから作成した散布図において、[近似曲線の書式設定] ウィンドウ（図 3.17）の [近似曲線名] で [多項式近似] を選択し、求めたい [次数] を選択することで、選択した次数の多項式の近似曲線を求めることができます。図 3.11 ～図 3.16 の近似曲線は、この方法で描いたものです（詳細は第 9 章を参照ください）。

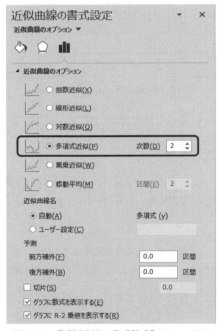

図 3.17　[近似曲線の書式設定] ウィンドウ

3.4 自己回帰モデル

自己回帰モデルを利用した近似の場合、y を x で説明する式として

$$y_t = a + b_1 y_{t-1} + b_2 y_{t-2} + \cdots + b_k y_{t-k}$$

の式を利用します。y_t は時点 t のときの y の値で、y_{t-i} は時点 $t-i$ のときの y の値です。すなわち自己回帰モデルでは、自身の過去の時点の値を使って、現在の値を予測する式を作るのです。k 時点前のデータ y_{t-k} まで使う自己回帰モデルのことを、**k 次の自己回帰モデル**と呼びます。

この自己回帰モデルを重回帰分析で扱うために、y_{t-i} のデータを x_i とします。その結果、次の式を得ます。

$$y = a + b_1 x_1 + b_2 x_2 + \cdots + b_k x_k$$

この式は重回帰分析の式になっています。すなわち、重回帰分析を実行して係数の a や b_i を求めることで、自己回帰モデルによる近似も行うことができます。

表 3.11 のデータは、当日の終値に前々日、前日の終値を並べて示した円相場のデータです。前々日、前日の終値から自己回帰モデルを利用して、2016年3月7日の終値を予測します。

表 3.11　円相場のデータ（自己回帰近似用）

日付	前々日終値 y_{t-2}	前日終値 y_{t-1}	終値 y_t
2015 年 12 月 23 日	121.19	121.08	120.93
2015 年 12 月 24 日	121.08	120.93	120.44
2015 年 12 月 25 日	120.93	120.44	120.42
2015 年 12 月 28 日	120.44	120.42	120.41
2015 年 12 月 29 日	120.42	120.41	120.47
2015 年 12 月 30 日	120.41	120.47	120.52
2015 年 12 月 31 日	120.47	120.52	120.32
2016 年 1 月 1 日	120.52	120.32	120.33
2016 年 1 月 4 日	120.32	120.33	119.44

表3.11　円相場のデータ（自己回帰近似用）（つづき）

日付	前々日終値 y_{t-2}	前日終値 y_{t-1}	終値 y_t
2016年1月5日	120.33	119.44	119.06
2016年1月6日	119.44	119.06	118.47
2016年1月7日	119.06	118.47	117.68
2016年1月8日	118.47	117.68	117.45
2016年1月11日	117.68	117.45	117.77
2016年1月12日	117.45	117.77	117.64
2016年1月13日	117.77	117.64	117.69
2016年1月14日	117.64	117.69	118.05
2016年1月15日	117.69	118.05	117.06
2016年1月18日	118.05	117.06	117.34
2016年1月19日	117.06	117.34	117.64
2016年1月20日	117.34	117.64	116.94
2016年1月21日	117.64	116.94	117.7
2016年1月22日	116.94	117.7	118.78
2016年1月25日	117.7	118.78	118.3
2016年1月26日	118.78	118.3	118.42
2016年1月27日	118.3	118.42	118.67
2016年1月28日	118.42	118.67	118.83
2016年1月29日	118.67	118.83	121.06
2016年2月1日	118.83	121.06	120.98
2016年2月2日	121.06	120.98	119.97
2016年2月3日	120.98	119.97	117.92
2016年2月4日	119.97	117.92	116.77
2016年2月5日	117.92	116.77	116.9
2016年2月8日	116.77	116.9	115.84
2016年2月9日	116.9	115.84	115.11
2016年2月10日	115.84	115.11	113.34
2016年2月11日	115.11	113.34	112.42
2016年2月12日	113.34	112.42	113.22
2016年2月15日	112.42	113.22	114.58
2016年2月16日	113.22	114.58	114.08
2016年2月17日	114.58	114.08	114.11
2016年2月18日	114.08	114.11	113.25
2016年2月19日	114.11	113.25	112.57
2016年2月22日	113.25	112.57	112.92

3.4 自己回帰モデル

表 3.11 円相場のデータ（自己回帰近似用）（つづき）

日付	前々日終値 y_{t-2}	前日終値 y_{t-1}	終値 y_t
2016年2月23日	112.57	112.92	112.11
2016年2月24日	112.92	112.11	112.19
2016年2月25日	112.11	112.19	113
2016年2月26日	112.19	113	114
2016年2月29日	113	114	112.69
2016年3月1日	114	112.69	114.01
2016年3月2日	112.69	114.01	113.48
2016年3月3日	114.01	113.48	113.69
2016年3月4日	113.48	113.69	113.76
2016年3月6日	113.69	113.76	113.83

（1）表 3.11 のデータで回帰分析を実行します。その結果を図 3.18 に示します。これは 2 次の自己回帰モデルです。

概要

回帰統計	
重相関 R	0.9637758
重決定 R2	0.9288637
補正 R2	0.926074
標準誤差	0.7794818
観測数	54

分散分析表

	自由度	変動	分散	観測された分散比	有意 F
回帰	2	404.61582	202.30791	332.96678	5.35E-30
残差	51	30.987186	0.6075919		
合計	53	435.60301			

	係数	標準誤差	t	P-値	下限 95%	上限 95%
切片	5.8457067	4.3463062	1.3449827	0.1845816	-2.879867	14.57128
前々日終値	-0.141672	0.1373021	-1.031828	0.3070211	-0.417317	0.1339733
前日終値	1.090678	0.1384909	7.8754472	2.276E-10	0.8126459	1.3687102

図 3.18 前々日、前日の終値による回帰分析の結果（2 次の自己回帰モデル）

この結果から、次の近似式が得られます。

$$y_t = 5.8457067 + 1.090678 y_{t-1} - 0.141672 y_{t-2}$$

(2) 表 3.11 のデータで、前日の終値（y_{t-1}）だけを説明変数として回帰分析を実行します。結果は図 3.19 のようになります。これは 1 次の自己回帰モデルです。

概要

回帰統計	
重相関 R	0.963005
重決定 R2	0.9273787
補正 R2	0.9259821
標準誤差	0.7799663
観測数	54

分散分析表

	自由度	変動	分散	観測された分散比	有意 F
回帰	1	403.96894	403.96894	664.04306	2.788E-31
残差	52	31.63407	0.6083475		
合計	53	435.60301			

	係数	標準誤差	t	P-値	下限 95%	上限 95%
切片	5.3638697	4.3238333	1.2405357	0.2203455	-3.312537	14.040276
前日終値	0.9529614	0.0369809	25.769033	2.788E-31	0.8787539	1.027169

図 3.19　前日の終値による回帰分析の結果（1 次の自己回帰モデル）

この結果から、次の近似式が得られます。

$$y_t = 5.3638697 + 0.9529614 y_{t-1}$$

(3) 1 次と 2 次それぞれの自己回帰モデルの回帰分析結果から Ru を求めます。その結果を表 3.12 に示します。

表 3.12　近似式の種類と Ru の値

モデル	説明変数の数	R^2	Ru
1 次の自己回帰モデル	1	0.9273787	0.9218
2 次の自己回帰モデル	2	0.9288637	0.9204

表 3.12 より、前日の終値だけの 1 次の自己回帰モデルの方が Ru の値が大きく、最適な近似であることがわかります。

(4) 表 3.13 に 2016 年 3 月 7 日のデータを示します。1 次の自己回帰モデル

の式で、この日の終値を予測してみましょう。

表 3.13 2016 年 3 月 7 日のデータ

日付	前々日終値	前日終値	終値
2016 年 3 月 7 日	113.76	113.83	113.6

$$
\begin{aligned}
y_t &= 5.3638697 + 0.9529614 y_{t-1} \\
&= 5.3638697 + 0.9529614 \times 113.83 \\
&= 113.84
\end{aligned}
$$

3 月 7 日の終値の予測値は 113.84 円となりました。実際の値は 113.6 円でしたので、相対誤差 0.21% で予測できたことになります。

$$
\begin{aligned}
相対誤差 &= \left| \frac{予測値 - 実際の値}{実際の値} \right| \\
&= \left| \frac{113.84 - 113.6}{113.6} \right| \\
&= 0.21 \, [\%]
\end{aligned}
$$

3.5 数量化理論 I 類

数量化理論とは、言語データなど「数値でないデータ」に対して統計処理を可能とする手法です。数量化理論には I 類から IV 類までありますが、本書では**数量化理論 I 類**を利用した時系列データの予測について説明します。

表 3.14 は、曜日および天候別にどれだけ食パンが売れたかを示した時系列データです。数量化理論 I 類を利用するとこのようなデータを分析することができます。

曜日と天候により食パンの売上個数が変わりますので、曜日と天候の情報を説明変数として重回帰分析するとよさそうです。しかし、重回帰分析の説明変数は「定量的な数値データ」でしたが、曜日と天候は「定性的な言語データ」になっています。数量化理論 I 類は、このような定性的なデータを説明変数に使って、目的変数である数値データの売上を説明する式を求めます。

表 3.14 食パンの売上

日付	曜日	天候	食パンの売上個数
3月9日	木	晴れ	112
3月10日	金	晴れ	112
3月11日	土	雨	95
3月12日	日	曇り	93
3月13日	月	晴れ	346
3月14日	火	晴れ	77
3月15日	水	晴れ	113
3月16日	木	雨	89
3月17日	金	晴れ	116
3月18日	土	晴れ	94
3月19日	日	雨	81
3月20日	月	雨	329
3月22日	水	晴れ	114
3月23日	木	曇り	120
3月24日	金	晴れ	119
3月25日	土	曇り	92
3月26日	日	晴れ	103
3月27日	月	晴れ	373
3月28日	火	曇り	100
3月29日	水	曇り	119
3月30日	木	晴れ	120
3月31日	金	曇り	129
4月1日	土	晴れ	87
4月2日	日	曇り	91
4月3日	月	曇り	366
4月4日	火	曇り	83
4月5日	水	雨	82
4月6日	木	晴れ	94
4月7日	金	曇り	106
4月8日	土	曇り	82
4月9日	日	晴れ	97
4月10日	月	曇り	392

3.5 数量化理論 I 類

　重回帰分析では、要因となる x のことを説明変数、結果となる y のことを目的変数と呼びましたが、数量化理論 I 類では呼び方が異なります。数量化理論では、説明変数にあたる「曜日」や「天候」のことを**アイテム**と呼びます。また目的変数にあたる「食パンの売上」のことは**外的基準**と呼びます。

　そして、アイテムの内容を示す「木」「金」や「晴れ」「雨」などを**カテゴリ**と呼びます。このカテゴリを数値化することで、数量化理論 I 類は重回帰分析として扱うことができるようになります。

(1)「木」「金」や「晴れ」「雨」などのカテゴリを数値化するために、表 3.14 の定性的データを「0」と「1」で表現しなおします。この 0, 1 データのことを**ダミー変数**と呼びます。該当していれば「1」、該当していなければ「0」と置き換えます。ダミー変数を導入した結果を、表 3.15 に示します。

表 3.15　ダミー変数の導入

日付	曜日	天候	日	月	火	水	木	金	土	晴れ	曇り	雨	売上個数
3月9日	木	晴れ	0	0	0	0	1	0	0	1	0	0	112
3月10日	金	晴れ	0	0	0	0	0	1	0	1	0	0	112
3月11日	土	雨	0	0	0	0	0	0	1	0	0	1	95
3月12日	日	曇り	1	0	0	0	0	0	0	0	1	0	93
3月13日	月	晴れ	0	1	0	0	0	0	0	1	0	0	346
3月14日	火	晴れ	0	0	1	0	0	0	0	1	0	0	77
3月15日	水	晴れ	0	0	0	1	0	0	0	1	0	0	113
3月16日	木	雨	0	0	0	0	1	0	0	0	0	1	89
3月17日	金	晴れ	0	0	0	0	0	1	0	1	0	0	116
3月18日	土	晴れ	0	0	0	0	0	0	1	1	0	0	94
3月19日	日	雨	1	0	0	0	0	0	0	0	0	1	81
3月20日	月	雨	0	1	0	0	0	0	0	0	0	1	329
3月22日	水	晴れ	0	0	0	1	0	0	0	1	0	0	114
3月23日	木	曇り	0	0	0	0	1	0	0	0	1	0	120
3月24日	金	晴れ	0	0	0	0	0	1	0	1	0	0	119
3月25日	土	曇り	0	0	0	0	0	0	1	0	1	0	92
3月26日	日	晴れ	1	0	0	0	0	0	0	1	0	0	103
3月27日	月	晴れ	0	1	0	0	0	0	0	1	0	0	373

表3.15 ダミー変数の導入（つづき）

日付	曜日	天候	日	月	火	水	木	金	土	晴れ	曇り	雨	売上個数
3月28日	火	曇り	0	0	1	0	0	0	0	0	1	0	100
3月29日	水	曇り	0	0	0	1	0	0	0	0	1	0	119
3月30日	木	晴れ	0	0	0	0	1	0	0	1	0	0	120
3月31日	金	曇り	0	0	0	0	0	1	0	0	1	0	129
4月1日	土	晴れ	0	0	0	0	0	0	1	1	0	0	87
4月2日	日	曇り	1	0	0	0	0	0	0	0	1	0	91
4月3日	月	曇り	0	1	0	0	0	0	0	0	1	0	366
4月4日	火	曇り	0	0	1	0	0	0	0	0	1	0	83
4月5日	水	雨	0	0	0	1	0	0	0	0	0	1	82
4月6日	木	晴れ	0	0	0	0	1	0	0	1	0	0	94
4月7日	金	曇り	0	0	0	0	0	1	0	0	1	0	106
4月8日	土	曇り	0	0	0	0	0	0	1	0	1	0	82
4月9日	日	晴れ	1	0	0	0	0	0	0	1	0	0	97
4月10日	月	曇り	0	1	0	0	0	0	0	0	1	0	392

　表3.15では、「木」「金」や「晴れ」「雨」などの各カテゴリ用の列を追加して、そのカテゴリに該当する列には1を、その他の該当しない列に0を入れています。

(2) 表3.15のうち、各アイテムから任意の1カテゴリを削除します。ここでは、「土」の列と、「雨」の列を削除します（表3.16）。

表3.16 任意の1カテゴリ列を削除

日付	曜日	天候	日	月	火	水	木	金	晴れ	曇り	売上個数
3月9日	木	晴れ	0	0	0	0	1	0	1	0	112
3月10日	金	晴れ	0	0	0	0	0	1	1	0	112
3月11日	土	雨	0	0	0	0	0	0	0	0	95
3月12日	日	曇り	1	0	0	0	0	0	0	1	93
3月13日	月	晴れ	0	1	0	0	0	0	1	0	346
3月14日	火	晴れ	0	0	1	0	0	0	1	0	77
3月15日	水	晴れ	0	0	0	1	0	0	1	0	113
3月16日	木	雨	0	0	0	0	1	0	0	0	89
3月17日	金	晴れ	0	0	0	0	0	1	1	0	116
3月18日	土	晴れ	0	0	0	0	0	0	1	0	94
3月19日	日	雨	1	0	0	0	0	0	0	0	81

表 3.16 任意の 1 カテゴリ列を削除（つづき）

日付	曜日	天候	日	月	火	水	木	金	晴れ	曇り	売上個数
3月20日	月	雨	0	1	0	0	0	0	0	0	329
3月22日	水	晴れ	0	0	0	1	0	0	1	0	114
3月23日	木	曇り	0	0	0	0	1	0	0	1	120
3月24日	金	晴れ	0	0	0	0	0	1	1	0	119
3月25日	土	曇り	0	0	0	0	0	0	0	1	92
3月26日	日	晴れ	1	0	0	0	0	0	1	0	103
3月27日	月	晴れ	0	1	0	0	0	0	1	0	373
3月28日	火	曇り	0	0	1	0	0	0	0	1	100
3月29日	水	曇り	0	0	0	1	0	0	0	1	119
3月30日	木	晴れ	0	0	0	0	1	0	1	0	120
3月31日	金	曇り	0	0	0	0	0	1	0	1	129
4月1日	土	晴れ	0	0	0	0	0	0	1	0	87
4月2日	日	曇り	1	0	0	0	0	0	0	1	91
4月3日	月	曇り	0	1	0	0	0	0	0	0	366
4月4日	火	曇り	0	0	1	0	0	0	0	0	83
4月5日	水	雨	0	0	0	1	0	0	0	0	82
4月6日	木	晴れ	0	0	0	0	1	0	1	0	94
4月7日	金	曇り	0	0	0	0	0	1	0	1	106
4月8日	土	曇り	0	0	0	0	0	0	0	1	82
4月9日	日	晴れ	1	0	0	0	0	0	1	0	97
4月10日	月	曇り	0	1	0	0	0	0	0	1	392

　なぜ削除するかというと、「土」以外の曜日の情報が得られれば、それらのデータから「土」に入るべきデータを推測することができるからです。同様に「雨」以外の天候の情報が得られれば、それらのデータから「雨」に入るべきデータもわかります。このため、すべてのカテゴリの列があると情報が冗長になるので、アイテムごとにカテゴリを 1 つ削除する必要があるのです。

(3) 表 3.16 のデータで重回帰分析を実行します。「売上個数」の列を目的変数、「日」から「曇り」の列を説明変数として回帰分析を実行します。その結果を図 3.20 に示します。これは「曜日」と「天気」の 2 アイテムによる回帰分析の結果となります。

第 3 章　重回帰分析

概要

回帰統計	
重相関 R	0.994558
重決定 R2	0.989145
補正 R2	0.985369
標準誤差	11.7854
観測数	32

分散分析表

	自由度	変動	分散	観測された分散比	有意 F
回帰	8	291099.3	36387.41	261.9765	1.02E-20
残差	23	3194.601	138.8957		
合計	31	294293.9			

	係数	標準誤差	t	P-値	下限 95%	上限 95%
切片	73.03846	7.097807	10.29029	4.44E-10	58.35553	87.7214
日	3	7.453743	0.402482	0.691045	-12.4192	18.41924
月	271.2	7.453743	36.3844	7.81E-22	255.7808	286.6192
火	-8.36735	8.730427	-0.95841	0.347822	-26.4276	9.692914
水	18.65532	7.934539	2.351154	0.027656	2.241476	35.06917
木	17.95236	7.512412	2.389693	0.025447	2.411752	33.49297
金	22.6358	7.557648	2.995085	0.006464	7.001611	38.26998
晴れ	18.82102	6.244501	3.014015	0.006183	5.903284	31.73875
曇り	23.58282	6.527331	3.612935	0.001463	10.08001	37.08563

図 3.20　数量化理論 I 類の回帰分析の結果（2 アイテムの場合）

（4）図 3.20 の回帰分析の結果において［係数］と示された値が、近似式の各係数になります。その値から得られる近似式は、次のようになります。

$$
\text{食パンの売上} = 73.0 + \begin{bmatrix} 3.0 & （日） \\ 271.2 & （月） \\ -8.4 & （火） \\ 18.7 & （水） \\ 18.0 & （木） \\ 22.6 & （金） \\ 0 & （土） \end{bmatrix} + \begin{bmatrix} 18.8 & （晴れ） \\ 23.6 & （曇り） \\ 0 & （雨） \end{bmatrix}
$$

ここで、回帰分析をするときに削除した「土」と「雨」のカテゴリの係数は0にします。各カテゴリの係数のことを**カテゴリスコア**と呼びます。

この回帰分析結果から2アイテムの場合の Ru を計算しておきましょう。Ru は次のようになります。

$$Ru = 1 - (1-R^2) \times \frac{(データ数 + 説明変数の個数 + 1)}{(データ数 - 説明変数の個数 - 1)}$$

$$= 1 - (1 - 0.989145) \times \frac{(32+8+1)}{(32-8-1)}$$

$$= 0.9806$$

(5) アイテム間の影響度の比較には、アイテムごとのカテゴリスコア(回帰係数)のレンジを利用します。各アイテムのカテゴリスコアのレンジは、最も大きいカテゴリスコアと最も小さいカテゴリスコアの差です。それを求めたものを表3.17に示します。

表3.17 各アイテムのカテゴリスコアのレンジ

	曜日		天候	
カテゴリスコアの最大値	月	271.2	曇り	23.6
カテゴリスコアの最小値	火	−8.4	雨	0
レンジ(影響度)	279.6		23.6	

表3.17より、「曜日」のカテゴリスコアのレンジの方が「天候」のカテゴリスコアのレンジよりも大きいので、「曜日」の方が影響の度合いが大きいと考えます。

(6) 説明変数を減らした方がよりよい近似になるかどうかを調べます。このとき、カテゴリごとに説明変数を減らしてはいけません。アイテムごとに説明変数を減らします。また、減らすアイテムは影響度(カテゴリスコアのレンジ)の小さいものから減らします。

表3.17より、「天候」の影響度の方が小さかったので、「天候」のカテゴリをすべて削除して回帰分析を実行します。「天候」のカテゴリを削除したデータを表3.18に示します。

第 3 章　重回帰分析

表 3.18　「天候」のカテゴリを消したデータ

日付	曜日	日	月	火	水	木	金	売上個数
3月9日	木	0	0	0	0	1	0	112
3月10日	金	0	0	0	0	0	1	112
3月11日	土	0	0	0	0	0	0	95
3月12日	日	1	0	0	0	0	0	93
3月13日	月	0	1	0	0	0	0	346
3月14日	火	0	0	1	0	0	0	77
3月15日	水	0	0	0	1	0	0	113
3月16日	木	0	0	0	0	1	0	89
3月17日	金	0	0	0	0	0	1	116
3月18日	土	0	0	0	0	0	0	94
3月19日	日	1	0	0	0	0	0	81
3月20日	月	0	1	0	0	0	0	329
3月22日	水	0	0	0	1	0	0	114
3月23日	木	0	0	0	0	1	0	120
3月24日	金	0	0	0	0	0	1	119
3月25日	土	0	0	0	0	0	0	92
3月26日	日	1	0	0	0	0	0	103
3月27日	月	0	1	0	0	0	0	373
3月28日	火	0	0	1	0	0	0	100
3月29日	水	0	0	0	1	0	0	119
3月30日	木	0	0	0	0	1	0	120
3月31日	金	0	0	0	0	0	1	129
4月1日	土	0	0	0	0	0	0	87
4月2日	日	1	0	0	0	0	0	91
4月3日	月	0	1	0	0	0	0	366
4月4日	火	0	0	1	0	0	0	83
4月5日	水	0	0	0	1	0	0	82
4月6日	木	0	0	0	0	1	0	94
4月7日	金	0	0	0	0	0	1	106
4月8日	土	0	0	0	0	0	0	82
4月9日	日	1	0	0	0	0	0	97
4月10日	月	0	1	0	0	0	0	392

(7) 表 3.18 のデータで回帰分析を実行します。回帰分析の実行結果を図 3.21 に示します。これは「曜日」1 アイテムのみの回帰分析結果となり

ます。

概要

回帰統計	
重相関 R	0.991385
重決定 R2	0.982845
補正 R2	0.978728
標準誤差	14.21079
観測数	32

分散分析表

	自由度	変動	分散	観測された分散比	有意 F
回帰	6	289245.2	48207.53	238.7142	8.07E-21
残差	25	5048.667	201.9467		
合計	31	294293.9			

	係数	標準誤差	t	P-値	下限 95%	上限 95%
切片	90	6.35526	14.1615	1.91E-13	76.9111	103.0889
日	3	8.987695	0.33379	0.741322	-15.5105	21.5105
月	271.2	8.987695	30.17459	3.47E-21	252.6895	289.7105
火	-3.33333	10.3781	-0.32119	0.750737	-24.7074	18.04076
水	17	9.53289	1.7833	0.086684	-2.63336	36.63336
木	17	8.987695	1.891475	0.070201	-1.5105	35.5105
金	26.4	8.987695	2.937349	0.007015	7.889495	44.9105

図 3.21　数量化理論 I 類の回帰分析の結果（1 アイテムの場合）

図 3.21 の結果から、次の近似式が得られます。

$$
食パンの売上 = 90.0 + \begin{bmatrix} 3.0 & （日） \\ 271.2 & （月） \\ -3.3 & （火） \\ 17.0 & （水） \\ 17.0 & （木） \\ 26.4 & （金） \\ 0 & （土） \end{bmatrix}
$$

この結果から、1 アイテムの場合の Ru を求めると、次のようになります。

$$Ru = 1 - (1 - R^2) \times \frac{(\text{データ数} + \text{説明変数の個数} + 1)}{(\text{データ数} - \text{説明変数の個数} - 1)}$$

$$= 1 - (1 - 0.9828) \times \frac{(32 + 6 + 1)}{(32 - 6 - 1)}$$

$$= 0.9732$$

1アイテムの場合の Ru の値は、2アイテムの場合より小さくなりました。よって「曜日」と「天気」の2アイテムを使用した近似式の方が、適した近似式であることがわかります。

「曜日」と「天気」の2アイテムの場合の近似式を以下に再掲します。

$$\text{食パンの売上} = 73.0 + \begin{bmatrix} 3.0 & (日) \\ 271.2 & (月) \\ -8.4 & (火) \\ 18.7 & (水) \\ 18.0 & (木) \\ 22.6 & (金) \\ 0 & (土) \end{bmatrix} + \begin{bmatrix} 18.8 & (晴れ) \\ 23.6 & (曇り) \\ 0 & (雨) \end{bmatrix}$$

この式で4月11日の売上を予測してみましょう。4月11日の実際のデータを表3.19に示します。

表3.19 4月11日のデータ

日付	曜日	天候	売上個数
4月11日	火	曇り	92

曜日が「火」で天候が「曇り」です。これを先の式に代入すると

$$\text{食パンの売上} = 73.0 - 8.4 + 23.6$$
$$= 88.2$$

となります。実際の売上個数は92個でしたので、相対誤差は4.1%で予測できたことになります。よい予測といえそうです。

$$\text{相対誤差} = \left| \frac{\text{予測値} - \text{実際の値}}{\text{実際の値}} \right|$$
$$= \left| \frac{88.2 - 92}{92} \right|$$
$$= 4.1 \ [\%]$$

まとめ

- 複数の x で y を説明する式

    $$y = a + b_1 x_1 + b_2 x_2 + \cdots + b_k x_k$$

    を重回帰式といいます。重回帰分析では重回帰式を求めて予測を行います。
- 重回帰分析では、すべての変数が予測に役立つとは限りません。必要な変数だけを用いた最適な回帰式を求める必要があります。最適な回帰式を求めるには説明変数選択規準 Ru を用います。
- 2次式や多項式による近似式は、x^i の値を x_i の値として扱うことで重回帰分析で求めることができます。
- 自己回帰モデルでは、自分自身の過去の時点の値を使って自分を説明する式

    $$y_t = a + b_1 y_{t-1} + b_2 y_{t-2} + \cdots + b_k y_{t-k}$$

    を作ります。i 時点前の y_{t-i} のデータを x_i として扱うことで自己回帰モデルの回帰式を重回帰分析で求めることができます。
- 数量化理論Ⅰ類を利用すると、定性的な言語データから重回帰分析を実施して予測を行うことができます。数量化理論Ⅰ類は、定性的なデータを 1, 0 のダミー変数に変換して重回帰分析を実行します。

▶ 参考文献
- 『Excelで学ぶ回帰分析入門』上田太一郎・小林真紀・渕上美喜 共著、オーム社
- 『データマイニング事例集』上田太一郎 著、共立出版

「分析ツール」の読み込み方法

回帰分析を実行するための［データ分析］（分析ツール）はExcelの初期設定では組み込まれていないアドインプログラムです。［データ］タブに［データ分析］ボタンが表示されていない場合は、次の手順で分析ツールの読み込みを行います。

(1) リボンの［ファイル］タブをクリックし、表示される画面左側のメニューで［オプション］をクリックします。

図3.22 分析ツールの読み込み①

(2) ［Excelのオプション］ウィンドウで［アドイン］－［設定］をクリックします。

「分析ツール」の読み込み方法

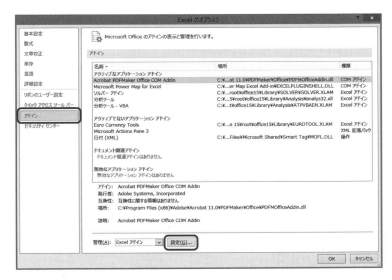

図 3.23 分析ツールの読み込み②

(3) ［アドイン］ウィンドウで［分析ツール］と［分析ツール - VBA］にチェックを入れ、［OK］ボタンをクリックします。

図 3.24 分析ツールの読み込み③

(4) [データ] タブに [データ分析] ボタンが表示され「分析ツール」が利用できるようになります。

(注) (3) で [ソルバーアドイン] にもチェックを入れると、第 4 章で利用する「ソルバー」が利用できるようになります。

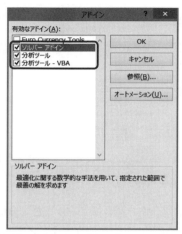

図 3.25 [ソルバーアドイン] のインストール

第4章 成長曲線

4.1 成長曲線とは

　生物の成長や繁殖、ヒット商品の発売後の売上など、ある現象が発生して収束するまでの状態は、時間軸に対してデータが次のような挙動を示します。

(1) 初期のゆるやかな数値の上昇から、
(2) 上昇の比率がほぼ一定となる期間を経て、
(3) 再び上昇がゆるやかとなり、
(4) 最終的にある値に収束する。

この挙動をグラフに表すと、図4.1のような"大きなS字"を描くような変化となります。

第 4 章　成長曲線

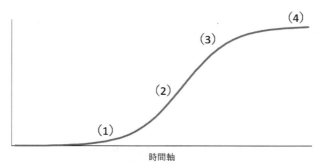

図 4.1　成長曲線

　このような曲線を数式で表現したものを**成長曲線**といいます。成長曲線を利用すると、時系列データの将来を予測することができます。
　成長曲線には**ロジスティック曲線**、**ゴンペルツ曲線**、**遅れ S 字曲線**などさまざまな種類があります。対象とする数値の性格や、同様な性質を持つ数値の挙動をもとに、最適な成長曲線を選択することにより、正確な予測が可能となります。
　本章では、この成長曲線を活用した予測手法を紹介します。

4.2　ソルバーの活用

　Excel には成長曲線を求めるツールが含まれていませんが、「ソルバー」機能を利用することで成長曲線の数式の値（パラメーター）を決定することができます。
　ソルバーは、数式の未知のパラメーターの値を決定する、つまりデータをもとに数式を導き出す機能です。まずは単回帰分析の事例でソルバーの機能を確認してみることにしましょう。
　表 4.1 は、ある店舗での外気温とコーラの売上数のデータです。図 4.2 のように散布図を描いてみると、外気温とコーラの売上数には直線関係の相関があることが見てとれます。

表 4.1 外気温とコーラの売上数

外気温	コーラ売上数
22	30
23	31
23	32
24	33
24	32
25	33
25	31
26	32
26	31
27	34
27	36
28	35
29	36
30	37
30	37
30	38
31	36
31	39
32	39
33	40
33	41
34	45
34	46
35	44
35	48

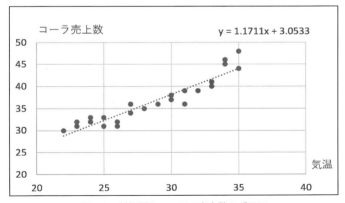

図 4.2 外気温とコーラの売上数のグラフ

第4章 成長曲線

Excelの散布図の機能を利用すれば、図4.2に記載したように回帰式を簡単に求めることができますが（第2章参照）、ここではソルバーを使って回帰式を求めてみます。

コーラ売上数をy、気温をxとすると、その回帰式は、未知のパラメーターa, bを用いて、次のように表されます。

$$y = ax + b$$

単回帰分析では最小二乗法によって、この式で求められるyの計算値と実際のyの値との誤差が最小になるようにa, bの値を決定しました。ソルバーではこの手順にしたがって、パラメーターa, bを変化させながらyの計算値を求め、実際のyの値との誤差が最小になるa, bの値を決定します。実際には、次のような手順でa, bの値を求めます。

(1) 表4.1のデータの表に項目を追加し、図4.3のようなワークシートを作成します。

	A	B	C	D	E	F	G
1		パラメータ					
2		a					
3		b					
4							
5		外気温	コーラ売上数	計算値	差の2乗	総和	
6		22	30				
7		23	31				
8		23	32				
9		24	33				
10		24	32				
11		25	33				
12		25	31				
13		26	32				
14		26	31				
15		27	34				
16		27	36				
17		28	35				
18		29	36				
19		30	37				
20		30	37				
21		30	38				
22		31	36				
23		31	39				
24		32	39				
25		33	40				
26		33	41				
27		34	45				
28		34	46				
29		35	44				
30		35	48				
31							

図4.3 ワークシートの作成

(2) 作成したワークシートにパラメーター a, b の初期値（適当に決める。ここでは仮に a に 1、b に 10 を入力）と、その a, b と気温を x として求めた $ax+b$ の計算値、その計算値と実際の y の値との差を 2 乗した値、およびその総和を求める数式を入力します（図 4.4）。

図 4.4 のように、数式で a, b のセルを参照する際、$ の付いた絶対参照にしておくと、セルをコピーしても参照するセル番地が変わらないので便利です。

	A	B	C	D	E	F	G
1		パラメータ					
2		a	1				
3		b	10				
4							
5		外気温	コーラ売上数	計算値	差の2乗	総和	
6		22	30	32	4	191	
7		23	31	33	4		
8		23	32	33	1		
9		24	33	34	1		
10		24	32	34	4		
11		25	33	35	4		
12		25	31	35	16		
13		26	32	36	16		
14		26	31	36	25		
15		27	34	37	9		
16		27	36	37	1		
17		28	35	38	9		
18		29	36	39	9		
19		30	37	40	9		
20		30	37	40	9		
21		30	38	40	4		
22		31	36	41	25		
23		31	39	41	4		
24		32	39	42	9		
25		33	40	43	9		
26		33	41	43	4		
27		34	45	44	1		
28		34	46	44	4		
29		35	44	45	1		
30		35	48	45	9		
31							

- 初期値として適当な値を入力
- 差の2乗の総和 =SUM(E6：E30)
- 計算値と売上数の差の2乗 このセルの場合、=(D6-C6)^2
- $ax+b$ の計算値 このセルの場合、=$C$2*B6+$C$3

図 4.4　パラメーターの初期値と数式の入力

(3) 図 4.4 に対してソルバーを実行します。Excel の［データ］タブの［ソルバー］ボタンをクリックします（図 4.5）。

（注）初めてソルバーを利用する際には、第 3 章章末の「「分析ツール」の読み込み方法」を参照して［ソルバーアドイン］をインスト

ールしてください。

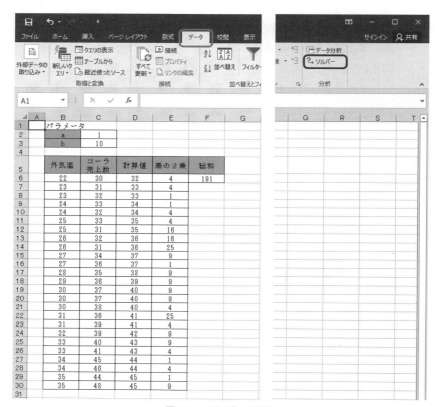

図 4.5 ソルバーの実行

(4) 表示される［ソルバーのパラメーター］ウィンドウで［目的セルの設定］に「総和」のセル（F6）を、［目標値］を［最小値］にチェックを入れ、［変数セルの変更］にパラメーター a, b の値を入力したセル範囲（C2：C3）を指定します（図 4.6）。

また［制約のない変数を非負数にする］のチェックを外しておきます。

4.2 ソルバーの活用

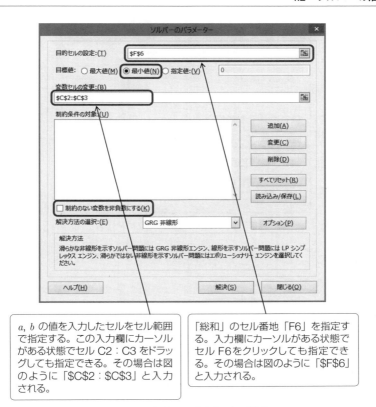

図 4.6　ソルバーのパラメーター設定

　ソルバーは、[変数セルの変更]に指定したセル内の数値を自動的に変化させ、[目的セルの設定]に指定したセル内の数値が目標値（この場合は最小値）になるように値を決定します。

(5) [解決]をクリックしてソルバーを開始すると[ソルバーの結果]ウィンドウが表示され「ソルバーによって現在の解に収束されました。すべての制約条件を満たしています。」と表示されるので[OK]ボタンをクリックします（図 4.7）。

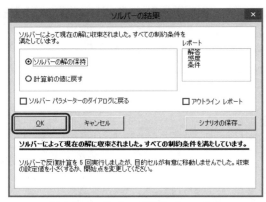

図 4.7 [ソルバーの結果] ウィンドウ

(6) このとき、ワークシートの数値は図 4.8 のように変わっています。

	A	B	C	D	E	F	G
1		パラメータ					
2		a	1.171084				
3		b	3.053311				
4							
5		外気温	コーラ売上数	計算値	差の2乗	総和	
6		22	30	28.81716	1.399113	75.20994	
7		23	31	29.98824	1.023652		
8		23	32	29.98824	4.047167		
9		24	33	31.15933	3.388078		
10		24	32	31.15933	0.706731		
11		25	33	32.33041	0.44835		
12		25	31	32.33041	1.769993		
13		26	32	33.50149	2.254487		
14		26	31	33.50149	6.257477		
15		27	34	34.67258	0.452362		
16		27	36	34.67258	1.762047		
17		28	35	35.84366	0.711767		
18		29	36	37.01475	1.029711		
19		30	37	38.18583	1.406195		
20		30	37	38.18583	1.406195		
21		30	38	38.18583	0.034533		
22		31	36	39.35691	11.26888		
23		31	39	39.35691	0.127388		
24		32	39	40.528	2.334781		
25		33	40	41.69908	2.886883		
26		33	41	41.69908	0.488717		
27		34	45	42.87017	4.536189		
28		34	46	42.87017	9.795855		
29		35	44	44.04125	0.001702		
30		35	48	44.04125	15.67169		
31							

図 4.8 ソルバーの結果

図 4.8 で示されているパラメーター a, b の値がソルバーによって求められた値です。この結果の $a = 1.171084$, $b = 3.053311$ は、図 4.2 で求めた回帰式の係数と一致していることがわかります。

このようにソルバーは、対象とした数値が目標値となるように変化パラメーターの値を決定するツールです。この機能を利用することで、データから成長曲線のパラメーターを決定することができます。

それでは、ソルバーを利用して、いろいろな成長曲線を求めてみましょう。

4.3 ロジスティック曲線

ロジスティック曲線は商品の販売量、広告の効果などによく利用される成長曲線のモデルであり、その一般式は次のように与えられます。

$$y = \frac{a}{1 + be^{-cx}}$$

ここで e は自然対数の底（= 約 2.71）で、a, b, c がロジスティック曲線のパラメーターとなります。a は最終的な y の到達値を表し、b は a の 10 分の 1 程度の値、c は 0 〜 1 の範囲の値になります。

表 4.2 は、あるヒット商品の累積売上高の推移データです。ロジスティック曲線を利用して、この売上高の未来を予測してみます。

(1) まず、図 4.9 のようなワークシートを作成します。パラメーター a, b, c の値はとりあえずの値として、a は 18000、b は 1800、c は 0.5 としておきます。

第4章　成長曲線

表 4.2　累積売上高の推移データ

月数	累積売上高
1	155
2	166
3	331
4	386
5	562
6	859
7	1,101
8	1,475
9	1,629
10	2,300
11	2,828
12	4,236
13	5,644
14	7,932
15	10,748
16	13,867

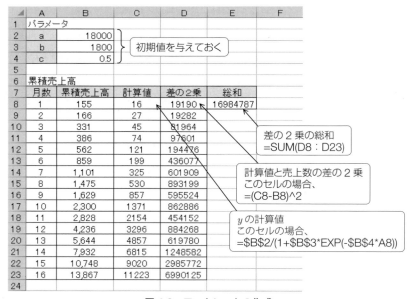

図 4.9　ワークシートの作成

(2) この状態でソルバーを実行します。Excel の［データ］タブの［ソルバー］ボタンをクリックし、表示される［ソルバーのパラメーター］ウィンドウで図 4.10 のように設定します。

ロジスティック曲線のパラメーターはすべて正の値になるものなので、変化パラメーターが負の値にならないように設定しておいた方が正しい解を得やすくなります。このため、図 4.10 のウィンドウでは、［制約のない変数を非負数にする］にチェックを入れます。

図 4.10　ソルバーのパラメーター設定

(3) ［解決］ボタンをクリックしてソルバーを開始すると、［ソルバーの結果］ウィンドウが表示され「ソルバーによって現在の解に収束されました。すべての制約条件を満たしています。」と表示されるので［OK］ボタンをクリックします（図 4.11）。

第 4 章　成長曲線

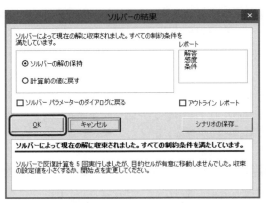

図 4.11　［ソルバーの結果］ウィンドウ

(4) このときワークシートの数値は、図 4.12 のようにソルバーの計算結果に変わっています。

	A	B	C	D	E
1	パラメータ				
2	a	146150.518			
3	b	1425.36468			
4	c	0.31352092			
5					
6	累積売上高				
7	月数	累積売上高	計算値	差の2乗	総和
8	1	155	140	220	365164
9	2	166	192	661	
10	3	331	262	4738	
11	4	386	358	758	
12	5	562	490	5180	
13	6	859	670	35857	
14	7	1,101	915	34714	
15	8	1,475	1249	51247	
16	9	1,629	1703	5484	
17	10	2,300	2320	409	
18	11	2,828	3156	107681	
19	12	4,236	4284	2331	
20	13	5,644	5799	24118	
21	14	7,932	7821	12426	
22	15	10,748	10494	64747	
23	16	13,867	13988	14593	

図 4.12　ソルバーの計算結果

4.3 ロジスティック曲線

図 4.12 で示されているパラメーター a, b, c の値が、ソルバーによって求められた値です。この結果

$$a = 146151,\ b = 1425.36,\ c = 0.31352$$

と求められました。

この値をロジスティック曲線の一般式に代入することにより、次のようにロジスティック曲線の式が決定できます。

$$y = \frac{a}{1 + be^{-cx}}$$

$$= \frac{146151}{1 + 1425.36 e^{-0.31352x}}$$

この式の x に、例えば月数 24 を代入すると、24 ヶ月後の累積売上高 y は

$$y = \frac{146151}{1 + 1425.36 e^{-0.31352 \times 24}} = 82605$$

になると予測できます。

16 ヶ月後までの累積売上高と計算値をグラフに示します(図 4.13)。

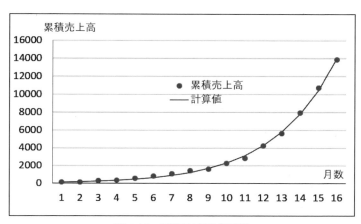

図 4.13 累積売上高と計算値

計算値はデータをよく近似できていることがわかります。

第 4 章 成長曲線

　図 4.12 で表の月数を延長して計算値を求めると、さらに先の予測値を求めることができます（図 4.14）。

	A	B	C	D	E
7	月数	累積売上高	計算値	差の2乗	総和
8	1	155	140	220	365164
9	2	166	192	661	
10	3	331	262	4738	
11	4	386	358	758	
12	5	562	490	5180	
13	6	859	670	35857	
14	7	1,101	915	34714	
15	8	1,475	1249	51247	
16	9	1,629	1703	5484	
17	10	2,300	2320	409	
18	11	2,828	3156	107681	
19	12	4,236	4284	2331	
20	13	5,644	5799	24118	
21	14	7,932	7821	12426	
22	15	10,748	10494	64747	
23	16	13,867	13988	14593	
24	17		18487		
25	18		24169		
26	19		31171		
27	20		39543		
28	21		49202		
29	22		59895		
30	23		71205		
31	24		82605		
32	25		93552		
33	26		103585		
34	27		112395		
35	28		119845		
36	29		125946		
37	30		130813		
38	31		134615		
39	32		137536		
40	33		139753		
41	34		141419		
42	35		142662		
43	36		143585		
44	37		144266		
45	38		144769		
46	39		145138		
47	40		145409		
48					

図 4.14　ロジスティック曲線による予測

4.3 ロジスティック曲線

この結果をグラフ化すると、図 4.15 のロジスティック曲線が得られます。

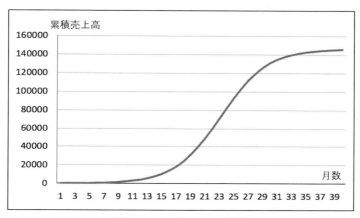

図 4.15 ロジスティック曲線

（注） Excel のソルバーは、内部の反復計算の回数や時間が規定の値に達するか、反復計算による計算結果の変化量が規定の値より小さくなると計算を終了します。したがって、これらの規定値を変えてさらに精度の高い計算結果を得ることも可能です。本書に示したソルバーの計算結果は、十分に実用的な精度まで達していると判断できますが、さらに高い精度が必要な場合は、［ソルバーのパラメーター］ウィンドウの［オプション］ボタンで表示される［オプション］ウィンドウで、反復回数などの規定値を変更して実行します。また、最初に与えるパラメーターの値によってソルバーの計算結果が微妙に異なる場合があります。例えば、図 4.12 で得られた計算結果をパラメーターの初期値として、同じ条件でソルバーを実行すると若干異なる計算結果が得られることがあります。

4.4 ゴンペルツ曲線

ゴンペルツ曲線は、ロジスティック曲線より収束が遅く、到達値が大きくなる特性を持ちます。ソフトウェアの試験において発見されるバグの累積値によく合致するモデルとして知られ、その一般式は次のように与えられます。

$$y = a \cdot \exp(-b \cdot c^x)$$

ここで、$\exp(-b \cdot c^x)$ は、$e^{-b \cdot c^x}$ のことです。a, b, c がゴンペルツ曲線のパラメーターとなります。a は最終的な y の到達値を表し、b, c は正の値をとります。

ゴンペルツ曲線を利用した成長曲線による予測の事例を次に示します。

表 4.3 は、あるセミナーについて受講者の募集を開始してからの申込者数の経過です。募集締め切りの 9 月 15 日までに何名の申込が得られるかをゴンペルツ曲線によって予測してみましょう。

表 4.3 あるセミナーの申込者数の推移

日付	経過日数	申込累計
7月11日	0	0
7月12日	1	1
7月13日	2	2
7月19日	8	3
7月24日	13	4
7月31日	20	5
8月1日	21	6
8月2日	22	7
8月3日	23	8
8月4日	24	12
8月7日	27	13
8月8日	28	14
8月9日	29	16
8月10日	30	17
8月11日	31	18
8月17日	37	20
8月18日	38	21
8月22日	42	24

ゴンペルツ曲線のパラメーター a, b, c を変化パラメーターとして、次のような手順でソルバーを実施します。

(1) まず図 4.16 のようなワークシートを作成します。パラメーター a, b, c は初期値として、$a = 30, b = 3, c = 0.5$ としておきます。

	A	B	C	D	E	F	G
1	パラメータ						
2	a	30					
3	b	3		初期値を与えておく			
4	c	0.5					
5							
6	日付	経過日数	申込累計	計算値	差の2乗	総和	
7	7月11日	0	0	1.493612	2.230877	5377.454	
8	7月12日	1	1	6.693905	32.42055		
9	7月13日	2	2	14.170997	148.1332		
10	7月19日	8	3	29.650489	710.2486		
11	7月24日	13	4	29.989016	675.4289		
12	7月31日	20	5	29.999914	624.9957		
13	8月1日	21	6	29.999957	575.9979		
14	8月2日	22	7	29.999979	528.999		
15	8月3日	23	8	29.999989	483.9995		
16	8月4日	24	12	29.999995	323.9998		
17	8月7日	27	13	29.999999	289		
18	8月8日	28	14	30.000000	256		
19	8月9日	29	16	30.000000	196		
20	8月10日	30	17	30.000000	169		
21	8月11日	31	18	30.000000	144		
22	8月17日	37	20	30.000000	100		
23	8月18日	38	21	30.000000	81		
24	8月22日	42	24	30.000000	36		
25							

差の2乗の総和
=SUM(E7:E24)

計算値と売上数の差の2乗
このセルの場合、
=(D7-C7)^2

y の計算値
このセルの場合、
=$B$2*EXP(-$B$3*$B$4^B7)

図 4.16 ワークシートの作成

(2) この状態でソルバーを実行します。Excel の [データ] タブの [ソルバー] ボタンをクリックし、表示される [ソルバーのパラメーター] ウィンドウで図 4.17 のように設定します。パラメーターはすべて正の値になるので、[制約のない変数を非負数にする] にチェックを入れておきます。

第 4 章 成長曲線

図 4.17 ソルバーのパラメーター設定

(3) ［解決］ボタンをクリックしてソルバーを開始すると［ソルバーの結果］ウィンドウが表示され、「ソルバーによって現在の解に収束されました。すべての制約条件を満たしています。」と表示されるので［OK］ボタンをクリックします。

ワークシートには、図 4.18 のようにソルバーの計算結果が表示されます。

4.4 ゴンペルツ曲線

	A	B	C	D	E	F	G
1	パラメータ						
2	a	30.71692					
3	b	7.695529					
4	c	0.921944					
5							
6	日付	経過日数	申込累計	計算値	差の2乗	総和	
7	7月11日	0	0	0.013972	0.000195	33.66361	
8	7月12日	1	1	0.025476	0.949698		
9	7月13日	2	2	0.044324	3.82467		
10	7月19日	8	3	0.553255	5.98656		
11	7月24日	13	4	2.115646	3.550791		
12	7月31日	20	5	6.753797	3.075804		
13	8月1日	21	6	7.601435	2.564593		
14	8月2日	22	7	8.476863	2.181123		
15	8月3日	23	9	9.373021	1.885186		
16	8月4日	24	12	10.282940	2.948295		
17	8月7日	27	13	13.030084	0.000905		
18	8月8日	28	14	13.932134	0.004606		
19	8月9日	29	16	14.819002	1.394757		
20	8月10日	30	17	15.686580	1.725073		
21	8月11日	31	18	16.531371	2.156872		
22	8月17日	37	20	20.996506	0.993023		
23	8月18日	38	21	21.629390	0.396131		
24	8月22日	42	24	23.840852	0.025328		
25							

図 4.18 ソルバーの計算結果

図 4.18 で示されているパラメーター a, b, c の値が、ソルバーによって求められた値です。この結果、

$$a = 30.7,\ b = 7.6955,\ c = 0.9219$$

と求められました。

この値をゴンペルツ曲線の一般式にあてはめれば、次のようにゴンペルツ曲線の式が決定できます。

$$y = 30.7 \times \exp(-7.6955 \times 0.9219^x)$$

この式の x に、9 月 15 日を示す経過日数 66 日を代入すると、締め切りまでの申込者数 y は、

$$y = 30.7 \times \exp(-7.6955 \times 0.9219^{66}) = 29.6$$

となり、約 30 名の申込があると予測できます。

8 月 22 日までの申込累計と計算値をグラフに示します（図 4.19）。

第 4 章　成長曲線

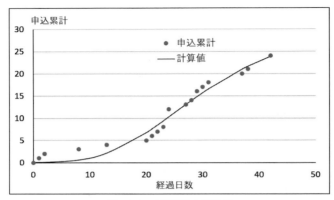

図 4.19　申込累計と計算値

経過日数の経過にしたがい、計算値がデータをよく近似できていることがわかります。

図 4.18 の経過日数を 66 日まで延長し（図 4.20）、9 月 15 日までの計算値を求めた結果をグラフに示すと、図 4.21 のゴンペルツ曲線が得られます。

	A	B	C	D	E	F	G
1	パラメーター						
2	a	30.71692					
3	b	7.695529					
4	c	0.921944					
5							
6	日付	経過日数	申込累計	計算値	差の2乗	総和	
7	7月11日	0	0	0.013972	0.000195	33.66361	
8	7月12日	1	1	0.025476	0.949698		
9	7月13日	2	2	0.044324	3.82467		
10	7月19日	8	3	0.553255	5.98656		
11	7月24日	13	4	2.115646	3.550791		
12	7月31日	20	5	6.753797	3.075804		
13	8月1日	21	6	7.601435	2.564593		
14	8月2日	22	7	8.476863	2.181123		
15	8月3日	23	8	9.373021	1.885186		
16	8月4日	24	12	10.282940	2.948295		
17	8月7日	27	13	13.030084	0.000905		
18	8月8日	28	14	13.932134	0.004606		
19	8月9日	29	16	14.819002	1.394757		
20	8月10日	30	17	15.686580	1.725073		
21	8月11日	31	18	16.531371	2.156872		
22	8月17日	37	20	20.996506	0.993023		
23	8月18日	38	21	21.629390	0.396131		
24	8月22日	42	24	23.840852	0.025328		
25	8月26日	46		25.577958			
26	8月30日	50		26.911195			
27	9月3日	54		27.917450			
28	9月7日	58		28.667768			
29	9月11日	62		29.222364			
30	9月15日	66		29.629705			
31							

図 4.20　経過日数を延長

4.5 遅れ S 字曲線（遅延 S 字型モデル）

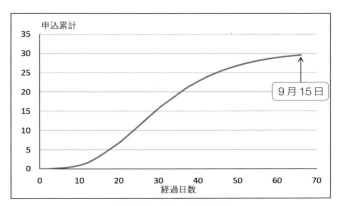

図 4.21　ゴンペルツ曲線

4.5 遅れ S 字曲線（遅延 S 字型モデル）

遅れ S 字曲線は、ゴンペルツ曲線よりもさらに収束が遅く、到達値が大きくなる特性を持つ成長曲線です。比較的長期にわたる信頼性形成モデルに適合するとされ、その一般式は次のように与えられます。

$$y = a(1 - (1 + bx) \cdot e^{-bx})$$

パラメーターは a, b の 2 つです。a は最終的な y の到達値を表し、b は正の値をとります。

表 4.3 のセミナーの受講申込者数の事例を、今度は遅れ S 字曲線で予測してみましょう。

(1) 図 4.16 と同様にワークシートを作成します。ゴンペルツ曲線との違いは、変化パラメーターが a, b の 2 つだけになることと、計算式が遅れ S 字曲線の計算式に変わることです。パラメーター a, b の値は、初期値として a は 30、b は 0.5 としておきます（図 4.22）。

第 4 章　成長曲線

	A	B	C	D	E	F	G
1	パラメータ						
2	a	30		初期値を与えておく			
3	b	0.5					
4							
5	日付	経過日数	申込累計	計算値	差の2乗	総和	
6	7月11日	0	0	0.000000	0	5091.979	
7	7月12日	1	1	2.706120	2.910847		
8	7月13日	2	2	7.927234	35.1321		
9	7月19日	8	3	27.252654	588.1912		
10	7月24日	13	4	29.661726	658.5242		
11	7月31日	20	5	29.985018	624.2511		
12	8月1日	21	6	29.990500	575.5441		
13	8月2日	22	7	29.993987	528.7285		
14	8月3日	23	8	29.996201	483.8329		
15	8月4日	24	12	29.997604	323.9137		
16	8月7日	27	13	29.999404	288.9797		
17	8月8日	28	14	29.9996			
18	8月9日	29	16	29.9997			
19	8月10日	30	17	29.9998			
20	8月11日	31	18	29.999908	143.9978		
21	8月17日	37	20	29.999995	99.99989		
22	8月18日	38	21	29.999997	80.99994		
23	8月22日	42	24	29.999999	35.99999		
24							

差の 2 乗の総和
=SUM(E6：E23)

計算値と売上数の差の 2 乗
このセルの場合、
=(D6-C6)^2

y の計算値
このセルの場合、
=\$B\$2*(1-(1+\$B\$3*B6)*EXP(-\$B\$3*B6))

図 4.22　ワークシートの作成

(2) このワークシートについてソルバーを実行すると図 4.23 のような結果が得られます。

	A	B	C	D	E	F	G
1	パラメータ						
2	a	104.5594					
3	b	0.022125					
4							
5	日付	経過日数	申込累計	計算値	差の2乗	総和	
6	7月11日	0	0	0.000000	0	43.40082	
7	7月12日	1	1	0.025217	0.950202		
8	7月13日	2	2	0.099396	3.612297		
9	7月19日	8	3	1.456833	2.381365		
10	7月24日	13	4	3.578631	0.177551		
11	7月31日	20	5	7.663837	7.096027		
12	8月1日	21	6	8.330444	5.430971		
13	8月2日	22	7	9.014274	4.0573		
14	8月3日	23	8	9.714253	2.938663		
15	8月4日	24	12	10.429347	2.466951		
16	8月7日	27	13	12.655533	0.118658		
17	8月8日	28	14	13.421478	0.334687		
18	8月9日	29	16	14.197909	3.247533		
19	8月10日	30	17	14.983998	4.064264		
20	8月11日	31	18	15.778952	4.933056		
21	8月17日	37	20	20.694019	0.481662		
22	8月18日	38	21	21.531195	0.282169		
23	8月22日	42	24	24.909648	0.82746		
24							

図 4.23　ソルバーの計算結果

4.5 遅れS字曲線（遅延S字型モデル）

図 4.23 で示されているパラメーター a, b の値が、ソルバーによって求められた値です。この結果

$$a = 104.5594, \ b = 0.022125$$

と求められました。

図 4.23 の経過日数を 66 日まで延長し、遅れ S 字曲線による 9 月 15 日での申込累計の予測値を求めると、$y = 44.8$ と求められます（図 4.24）。9 月 15 日現在の申込累計は約 45 人になると予測されます。

	A	B	C	D	E	F	G
1	パラメータ						
2	a	104.5594					
3	b	0.022125					
4							
5	日付	経過日数	申込累計	計算値	差の2乗	総和	
6	7月11日	0	0	0.000000	0	43.40082	
7	7月12日	1	1	0.025217	0.950202		
8	7月13日	2	2	0.099396	3.612297		
9	7月19日	8	3	1.456833	2.381365		
10	7月24日	13	4	3.578631	0.177551		
11	7月31日	20	5	7.663837	7.096027		
12	8月1日	21	6	8.330444	5.430971		
13	8月2日	22	7	9.014274	4.0573		
14	8月3日	23	8	9.714253	2.938663		
15	8月4日	24	12	10.429347	2.466951		
16	8月7日	27	13	12.655533	0.118658		
17	8月8日	28	14	13.421478	0.334687		
18	8月9日	29	16	14.197909	3.247533		
19	8月10日	30	17	14.983998	4.064264		
20	8月11日	31	18	15.778952	4.933056		
21	8月17日	37	20	20.694019	0.481662		
22	8月18日	38	21	21.531195	0.282169		
23	8月22日	42	24	24.909648	0.82746		
24	8月26日	46		28.311417			
25	8月30日	50		31.708318			
26	9月3日	54		35.076771			
27	9月7日	58		38.397229			
28	9月11日	62		41.653657			
29	9月15日	66		44.833084			
30							

図 4.24　遅れ S 字曲線による予測値

この結果は、ゴンペルツ曲線での予測値 30 人と大きく異なっています。図 4.24 の遅れ S 字曲線による結果をグラフで示すと図 4.25 のようになります。

第 4 章　成長曲線

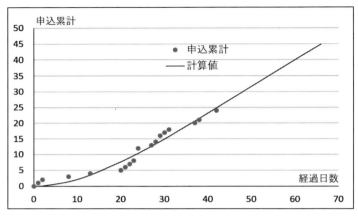

図 4.25　遅れ S 字曲線による予測

　図 4.21 のゴンペルツ曲線と比較すると、遅れ S 字曲線では、同じ経過日数でも申込累計の値がまったく収束せず増加し続けています。

　ゴンペルツ曲線と遅れ S 字曲線のどちらが予測に適しているかは、予測対象の性質や過去の経験などから推測します。今回の「セミナーの申込者数」では、従来の類似の募集と同程度の募集期間としたこともあり、ゴンペルツ曲線による予測の方が適していると判断しました。

　このように、成長曲線による予測では、対象とする数値の性質によって、どの成長曲線を利用すべきかの判断が必要になります。しかし、この判断が常に正しいとは限らないので、最初の予測値を鵜呑みにせず、最新のデータをもとに予測を更新することが重要となります。更新によって予測の精度は上がっていきます。

　データの種類に対してどのような成長曲線が適しているか、さまざまな対象について理論的な根拠を蓄積したり、より適した数学モデルを適用して整合性の高い成長曲線を求める試みは現在も続けられています。

　成長曲線にはここで紹介したもの以外にも、リチャーズ曲線、Preece-Bains 曲線、トリプルロジスティック曲線、Kanefuji-Shohoji 曲線、Jolicoeur-Pontier-Abidi 曲線などがあります。興味がある方は、さまざまな成長曲線について調べてみることをお勧めします。

まとめ

- 時間軸に対して大きなS字を描くような変化を数値化し、一般式によって表現したものを成長曲線といいます。
- 成長曲線を利用することで時系列データについて予測することができます。Excelには成長曲線のツールがありませんが、ソルバー機能を利用することでデータから成長曲線のパラメーターを決定することができます。
- 成長曲線にはロジスティック曲線、ゴンペルツ曲線、遅れS字曲線などさまざまな種類があり、対象とするデータの性質や過去の経験によって使い分けます。
- 成長曲線による予測では、最初の予測値を鵜呑みにせず、常に最新のデータによってその予測を更新することが重要です。

▶ 参考文献

- 『新版Excelでできるデータマイニング入門』上田太一郎 著、同友館
- 『Excelでできるデータマイニング演習』上田太一郎 著、同友館
- 「A non-linear regression for physical growth of Japanese」隅谷孝洋・中原早生・正法地孝雄、広島大学
- 「人の体格成長の数学的裏づけ」正法地孝雄、福山大学

第5章 従来の予測手法

　本章では、古くから予測に活用されてきた「従来の予測手法」を利用した時系列データの予測について説明します。従来の予測手法は、難解な数式を使って予測値を算出するというものではなく、比較的単純な考え方に基づいた手法です。

5.1 差の平均法（差分法）

5.1.1 差の平均法とは

　差の平均法は、**差分法**ともいわれます。各データについて直前のデータとの差をとり、その平均値を求め、直前のデータにその平均を足したデータを予測値とする手法です。

　すなわち、ある時点 t までのデータ $y_1, y_2, \cdots, y_t$ があるとき、直前とのデータの差の平均は

$$A_t = \frac{(y_2 - y_1) + (y_3 - y_2) + \cdots + (y_t - y_{t-1})}{t-1}$$

となりますので、予測値 y_{t+1} は

$$y_{t+1} = y_t + A_t$$

で求められることになります。

5.1.2　実際のデータをExcelで予測する

表5.1は、ある商業施設の入会申込人数の8月から翌年6月までの月別推移です。このデータから、次の7月（$t=12$）の入会見込み人数を「差の平均法」で予測してみましょう。

表5.1　商業施設の月別入会申込者人数

t	月	入会者人数
1	8	1,430
2	9	1,496
3	10	913
4	11	942
5	12	1,342
6	1	1,082
7	2	1,213
8	3	1,385
9	4	1,089
10	5	1,159
11	6	1,146
12	7	?

（1）各時点での直前のデータとの差を求めます。例えば $t=3$（10月）時点での差は、913 − 1496 = −583 となります。同様に、他の時点での差の値は図5.1のようになります。

5.1 差の平均法（差分法）

	A	B	C	D	E
1	t	月	入会者人数	差	
2	1	8	1,430		
3	2	9	1,496	66	← −583
4	3	10	913	=C4-C3	
5	4	11	942	29	
6	5	12	1,342	400	
7	6	1	1,082	−260	
8	7	2	1,213	131	
9	8	3	1,385	172	
10	9	4	1,089	−296	
11	10	5	1,159	70	
12	11	6	1,146	−13	

図 5.1　直前のデータとの差を求める

(2) 次に、すべての時点について「差の平均」を求めます。

$t=12$（7月）時点の予測値を求めるだけなら $t=11$ での差の平均だけを求めればよいのですが、ここでは、データと予測値の違いがどれだけあるのかを確認するため、すべての時点について差の平均を求めてみます。差の平均は、それ以前の時点で求めた差をすべて平均します。つまり、$t=2$ 時点では $t=2$ 時点での差（1つだけ）、$t=3$ 時点では $t=2$, $t=3$ 時点での2つの差の平均、$t=4$ 時点では $t=2$, $t=3$, $t=4$ 時点での3つの差の平均となります。

$t=4$ 時点での差の平均は、$t=2$, $t=3$, $t=4$ 時点での差、66、−583、29 の平均ですので、$(66-583+29)/3=-162.7$ となります。同様に他の時点の差の平均は図 5.2 のように求められます。

平均値の算出には、Excel の AVERAGE 関数が利用できます。図 5.2 では、いずれか1つのセルに数式を入力し、そのセルをコピーして他のセルの差の平均が求められるようにセル D3 の指定を絶対参照（$D$3）としています。

第5章 従来の予測手法

	A	B	C	D	E	F
1	t	月	入会者人数	差	差の平均	
2	1	8	1,430			
3	2	9	1,496	66	66.0	← −162.7
4	3	10	913	−583	−258.5	
5	4	11	942	29	=AVERAGE($D$3:D5)	
6	5	12	1,342	400	−22.0	
7	6	1	1,082	−260	−69.6	
8	7	2	1,213	131	−36.2	
9	8	3	1,385	172	−6.4	
10	9	4	1,089	−296	−42.6	
11	10	5	1,159	70	−30.1	
12	11	6	1,146	−13	−28.4	
13						

図 5.2 差の平均を求める

(3) データに、差の平均を加えて次の時点での予測値を求めます。

$t=2$ のデータに差の平均を加えると、$t=3$ の予測値が求められます。$t=3$ の予測値は、$t=2$ のデータ $1496+$ 差の平均 $66.0 = 1562.0$ となります。同様に $t=12$ までの予測値は図 5.3 のように求められます。

	A	B	C	D	E	F	G
1	t	月	入会者人数	差	差の平均	予測値	
2	1	8	1,430				
3	2	9	1,496	66	66.0		← 1,562.0
4	3	10	913	−583	−258.5	=C3+E3	
5	4	11	942	29	−162.7	654.5	
6	5	12	1,342	400	−22.0	779.3	
7	6	1	1,082	−260	−69.6	1,320.0	
8	7	2	1,213	131	−36.2	1,012.4	
9	8	3	1,385	172	−6.4	1,176.8	
10	9	4	1,089	−296	−42.6	1,378.6	
11	10	5	1,159	70	−30.1	1,046.4	
12	11	6	1,146	−13	−28.4	1,128.9	
13	12	7				1,117.6	
14							

図 5.3 予測値の算出

当初の目的であった 7 月（$t=12$）の予測値 1,117.6 は、$t=11$ のデータ（1,146）に $t=11$ までの差の平均（−28.4）を加えるだけで求めることができます。

(4) 各時点の予測値が実際のデータと、どれだけ違いがあったかを確認するため相対誤差を求めてみます。$t=3$ の予測値とデータの相対誤差は

5.1 差の平均法（差分法）

$$相対誤差 = \left|\frac{予測値 - 実際の値}{実際の値}\right|$$
$$= \left|\frac{1562 - 913}{913}\right|$$
$$= 71.1 \, [\%]$$

となります。他の相対誤差も同様に求めると図5.4のようになります。絶対値の算出にはExcelのABS関数が利用できます。

7月（$t=12$）の実際の入会者人数は1,186人で、予測値との相対誤差は5.8%となりました。

	A	B	C	D	E	F	G
1	t	月	入会者人数	差	差の平均	予測値	相対誤差
2	1	8	1,430				
3	2	9	1,496	66	66.0		
4	3	10	913	-583	-258.5	1,562.0	=ABS((F4-C4)/C4)
5	4	11	942	29	-162.7	654.5	30.5%
6	5	12	1,342	400	-22.0	779.3	41.9%
7	6	1	1,082	-260	-69.6	1,320.0	22.0%
8	7	2	1,213	131	-36.2	1,012.4	16.5%
9	8	3	1,385	172	-6.4	1,176.8	15.0%
10	9	4	1,089	-296	-42.6	1,378.6	26.6%
11	10	5	1,159	70	-30.1	1,046.4	9.7%
12	11	6	1,146	-13	-28.4	1,128.9	1.5%
13	12	7	1,186			1,117.6	5.8%

（71.1%）

図5.4 相対誤差の算出

入会者人数と予測値の折れ線グラフを作成してみました（図5.5）。

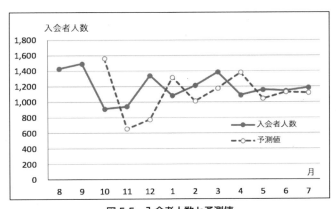

図5.5 入会者人数と予測値

t の値が増加するほど誤差が少なくなっていることがわかります。また、予測値の変化は実際のデータの変化が少し遅れて現れるような動きをしていることがわかります。これは、予測値の直前のデータの動きの影響が大きいことを示しています。このため、差の平均法では、上昇から下降、下降から上昇へ大きな変化が現れたとき、例えば12月や4月の予測値で、誤差が大きくなる傾向があることがわかります。したがって、差の平均法は、ある値に数値が収束していくような時系列データの予測に適しているといえます。

5.2 指数平滑法

5.2.1 指数平滑法とは

指数平滑法とは、短期的な将来を予測する際に利用される手法です。現在に近い値により多くのウェイトを置き、過去になるほど小さなウェイトを置いて移動平均を算出する「加重平均法」の1つです。指数平滑法では、そのウェイトが過去にさかのぼるにしたがって指数関数的に減少します。したがって指数平滑法は、過去の出来事よりも直前の出来事の影響の方が大きい対象に有用となります。

指数平滑法では、直前の予測値を y_t、実測値を x_t とすると、次の予測値 y_{t+1} は

$$y_{t+1} = \alpha x_t + (1-\alpha)y_t$$
$$= y_t + \alpha(x_t - y_t)$$
ただし、$0 < \alpha < 1$

で表されます。すなわち、前回の実測値と予測値の差に一定の係数 α を掛けた値を、前回の予測値に加えて次の予測値を導きます。α は0より大きく1未満の範囲で、予測値の誤差が小さくなるように決定します。

5.2.2 実際のデータを Excel で予測する

表 5.2 は、ある商業施設の毎週日曜日の売上額の推移です。10 月 4 日から 12 月 20 日までのデータから、12 月 27 日の売上額を指数平滑法により予測してみます。

表 5.2　毎週日曜日の売上額

t	日付	売上額〔万円〕
1	10月4日	2,105
2	10月11日	1,816
3	10月18日	1,842
4	10月25日	1,907
5	11月1日	1,776
6	11月8日	1,794
7	11月15日	2,067
8	11月22日	1,778
9	11月29日	1,811
10	12月6日	1,921
11	12月13日	1,686
12	12月20日	1,751
13	12月27日	?

(1) 指数平滑法では、過去のデータと予測値をもとに、次の予測値を求めるため、時点の古い順に予測値を求めていく必要があります。表 5.2 に予測値と誤差の列を追加して、はじめの予測値として、$t=2$ 時点での予測値に $t=1$ 時点の実測値 2,105 を入力します（図 5.6）。

図 5.6　はじめの予測値を入力

(2) $t=3$ 以降の予測値を計算していきます。ここでは仮に $\alpha=0.1$ として計算します。

予測値 $=($ 直前の実績値 $-$ 直前の予測値 $)\times \alpha +$ 直前の予測値

なので、$t=3$ 時点での予測値は

予測値 $= (1816 - 2105) \times 0.1 + 2105 = 2076.1$

となります。同様に $t=4$ 以降の予測値を求めると図 5.7 のようになります。ここでは、12 月 27 日の予測値は 1,910.8 となりました。

	A	B	C	D	E	F
1				$\alpha=$	0.1	
2	t	日付	売上額	予測値	誤差	
3	1	10月4日	2,105			
4	2	10月11日	1,816	2,105.0		2,076.1
5	3	10月18日	1,842	=(C4-D4)*$E$1+D4		
6	4	10月25日	1,907	2,052.7		
7	5	11月1日	1,776	2,038.1		
8	6	11月8日	1,794	2,011.9		
9	7	11月15日	2,067	1,990.1		
10	8	11月22日	1,778	1,997.8		
11	9	11月29日	1,811	1,975.8		
12	10	12月6日	1,921	1,959.3		
13	11	12月13日	1,686	1,955.5		
14	12	12月20日	1,751	1,928.6		
15	13	12月27日		1,910.8		

図 5.7　予測値の算出

(3) 次に、$t=6$ 以降の誤差を計算します。$t=5$ 以前を計算しないのは、過去の予測精度（誤差）は無視して、最近の予測精度だけで判断するためです。

$t=6$ 時点での誤差は

$|$ 実績値 $-$ 予測値 $| = | 1794 - 2011.9 |$
$\qquad\qquad\qquad\qquad = 217.9$

となります。同様に $t=7$ 以降の誤差を求めると、図 5.8 のようになります。

5.2 指数平滑法

	A	B	C	D	E	F
1				$\alpha=$	0.1	
2	t	日付	売上額	予測値	誤差	
3	1	10月4日	2,105			
4	2	10月11日	1,816	2,105.0		
5	3	10月18日	1,842	2,076.1		217.9
6	4	10月25日	1,907	2,052.7		
7	5	11月1日	1,776	2,038.1		
8	6	11月8日	1,794	2,011.9	=ABS(C8-D8)	
9	7	11月15日	2,067	1,990.1	76.9	
10	8	11月22日	1,778	1,997.8	219.8	
11	9	11月29日	1,811	1,975.8	164.8	
12	10	12月6日	1,921	1,959.3	38.3	
13	11	12月13日	1,686	1,955.5	269.5	
14	12	12月20日	1,751	1,928.6	177.6	
15	13	12月27日		1,910.8		
16						

図 5.8 誤差の算出

(4) 誤差の平均を求めます。$\alpha=0.1$ での誤差の平均は、図 5.9 に示すように 166.4 と求められます。各時点のデータと予測値のグラフを描いてみると図 5.10 のようになります。

	A	B	C	D	E	F
1				$\alpha=$	0.1	
2	t	日付	売上額	予測値	誤差	
3	1	10月4日	2,105			
4	2	10月11日	1,816	2,105.0		
5	3	10月18日	1,842	2,076.1		
6	4	10月25日	1,907	2,052.7		
7	5	11月1日	1,776	2,038.1		
8	6	11月8日	1,794	2,011.9	217.9	
9	7	11月15日	2,067	1,990.1	76.9	
10	8	11月22日	1,778	1,997.8	219.8	
11	9	11月29日	1,811	1,975.8	164.8	
12	10	12月6日	1,921	1,959.3	38.3	
13	11	12月13日	1,686	1,955.5	269.5	166.4
14	12	12月20日	1,751	1,928.6	177.6	
15	13	12月27日		1,910.8		
16				誤差の平均	=AVERAGE(E8:E14)	
17						

図 5.9 誤差の平均の算出

第5章　従来の予測手法

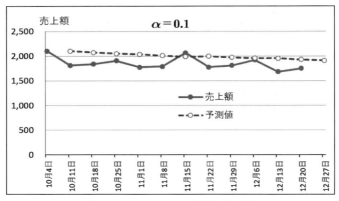

図 5.10　α＝0.1 での予測値と実績値

(5) α を 0.1 から 0.9 の間で変化させ、誤差の平均値が最も小さくなる α の値を探します。すべての結果を並べて示すと、図 5.11 のようになります。

α = 0.1		α = 0.2		α = 0.3		α = 0.4		α = 0.5	
予測値	誤差	予測値	誤差	予測値	誤差	予測値	誤差	予測値	誤差
2,105.0		2,105.0		2,105.0		2,105.0		2,105.0	
2,076.1		2,047.2		2,018.3		1,989.4		1,960.5	
2,052.7		2,006.2		1,965.4		1,930.4		1,901.3	
2,038.1		1,986.3		1,947.9		1,921.1		1,904.1	
2,011.9	217.9	1,944.3	150.3	1,896.3	102.3	1,863.0	69.0	1,840.1	46.1
1,990.1	76.9	1,914.2	152.8	1,865.6	201.4	1,835.4	231.6	1,817.0	250.0
1,997.8	219.8	1,944.8	166.8	1,926.0	148.0	1,928.1	150.1	1,942.0	164.0
1,975.8	164.8	1,911.4	100.4	1,881.6	70.6	1,868.0	57.0	1,860.0	49.0
1,959.3	38.3	1,891.3	29.7	1,860.4	60.6	1,845.2	75.8	1,835.5	85.5
1,955.5	269.5	1,897.3	211.3	1,878.6	192.6	1,875.5	189.5	1,878.3	192.3
1,928.6	177.6	1,855.0	104.0	1,820.8	69.8	1,799.7	48.7	1,782.1	31.1
1,910.8		1,834.2		1,799.9		1,780.2		1,766.6	
誤差の平均	166.4	誤差の平均	130.7	誤差の平均	120.8	誤差の平均	117.4	誤差の平均	116.8

α = 0.6		α = 0.7		α = 0.8		α = 0.9	
予測値	誤差	予測値	誤差	予測値	誤差	予測値	誤差
2,105.0		2,105.0		2,105.0		2,105.0	
1,931.6		1,902.7		1,873.8		1,844.9	
1,877.8		1,860.2		1,848.4		1,842.3	
1,895.3		1,893.0		1,895.3		1,900.5	
1,823.7	29.7	1,811.1	17.1	1,799.9	5.9	1,788.5	5.5
1,805.9	261.1	1,799.1	267.9	1,795.2	271.8	1,793.4	273.6
1,962.6	184.6	1,986.6	208.6	2,012.6	234.6	2,039.6	261.6
1,851.8	40.8	1,840.6	29.6	1,824.8	13.9	1,804.2	6.8
1,827.3	90.7	1,819.9	101.1	1,813.8	107.2	1,810.3	110.7
1,883.5	197.5	1,890.7	204.7	1,899.6	213.6	1,909.9	223.9
1,765.0	14.0	1,747.4	3.6	1,728.7	22.3	1,708.4	42.6
1,756.6		1,749.9		1,746.5			
誤差の平均	117.3	誤差の平均	118.9	誤差の平均	124.2	誤差の平均	132.1

図 5.11　α＝0.1 〜 0.9 までの算出結果

（注） $\alpha = 0.1$ での計算式を、絶対参照を利用して図 5.12 のように入力しておくと、このセルをコピー元として貼り付けて、図 5.11 の結果を簡単に作成できます。

	A	B	C	D	E	F
1				$\alpha = 0.1$		
2	t	日付	売上額	予測値	誤差	
3	1	10月4日	2,105			
4	2	10月11日	1,816	=$C3		
5	3	10月18日	1,842	=($C4-D4)*E$1+D4		
6	4	10月25日	1,907	=($C5-D5)*E$1+D5		
7	5	11月1日	1,776	=($C6-D6)*E$1+D6		
8	6	11月8日	1,794	=($C7-D7)*E$1+D7	=ABS($C8-D8)	
9	7	11月15日	2,067	=($C8-D8)*E$1+D8	=ABS($C9-D9)	
10	8	11月22日	1,778	=($C9-D9)*E$1+D9	=ABS($C10-D10)	
11	9	11月29日	1,811	=($C10-D10)*E$1+D10	=ABS($C11-D11)	
12	10	12月6日	1,921	=($C11-D11)*E$1+D11	=ABS($C12-D12)	
13	11	12月13日	1,686	=($C12-D12)*E$1+D12	=ABS($C13-D13)	
14	12	12月20日	1,751	=($C13-D13)*E$1+D13	=ABS($C14-D14)	
15	13	12月27日		=($C14-D14)*E$1+D14		
16				誤差の平均	=AVERAGE(E8:E14)	
17						

図 5.12　絶対参照を利用した計算式

(6) α の値ごとの誤差の平均をグラフに示すと、図 5.13 のようになります。

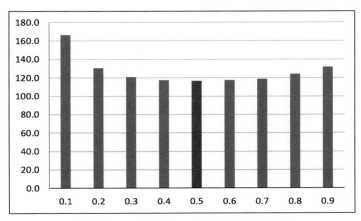

図 5.13　$\alpha = 0.1$ から $\alpha = 0.9$ までの誤差の平均

図 5.11、図 5.13 より、$\alpha = 0.5$ のときに誤差の平均が 116.8 で最小となることがわかりました。$\alpha = 0.5$ の場合のデータと予測値のグラフは図 5.14 のよう

になり、α = 0.1 の図 5.10 と比べると予測値の精度がよくなっていることがわかります。

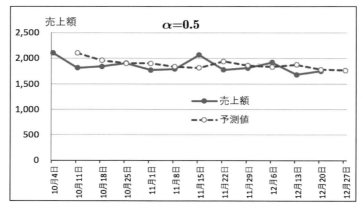

図 5.14　α = 0.5 での予測値と実績値

今回の事例では、α = 0.5 での予測値が最適であることがわかりました。このときの結果を図 5.15 に示します。

	A	B	C	L	M	V
1				α = 0.5		
2	t	日付	売上額	予測値	誤差	
3	1	10月4日	2,105			
4	2	10月11日	1,816	2,105.0		
5	3	10月18日	1,842	1,960.5		
6	4	10月25日	1,907	1,901.3		
7	5	11月1日	1,776	1,904.1		
8	6	11月8日	1,794	1,840.1	46.1	
9	7	11月15日	2,067	1,817.0	250.0	
10	8	11月22日	1,778	1,942.0	164.0	
11	9	11月29日	1,811	1,860.0	49.0	
12	10	12月6日	1,921	1,835.5	85.5	
13	11	12月13日	1,686	1,878.3	192.3	
14	12	12月20日	1,751	1,782.1	31.1	
15	13	12月27日	1,742	1,766.6		
16				誤差の平均	116.8	
17						

図 5.15　α = 0.5 での結果

α = 0.5 のときの 12 月 27 日の予測値は、1,766.6 万円となります。

12 月 27 日の実際の売上高は 1,742 万円でした。α = 0.5 での予測値の相対

誤差は

$$\text{相対誤差} = \left| \frac{\text{予測値} - \text{実際の値}}{\text{実際の値}} \right|$$
$$= \left| \frac{1766.6 - 1742}{1742} \right|$$
$$= 1.4 \ [\%]$$

となりました。

■ 5.2.3 α値について

■ α値の性質

α値は $0 < \alpha < 1$ の範囲をとる数値ですが、1に近いほど直前の値を重視し、0に近いほど過去の経過を重視するという特徴があります。この特徴を利用してαを調整することによって予測の性質を変えることができます。つまり直近の傾向を重視したい場合には1に近づけ、過去の傾向も十分含めたい場合や時系列の波動が安定している場合には0に近づけるといったことが可能となるのです。

先の事例で、データとαを0.1から0.9まで変化させた場合の予測値のグラフは、図5.16のようになります。α＝0.9では直近の動向に大きく影響され、α＝0.1では全体の動向をとらえた安定的な動きになっていることがわかります。

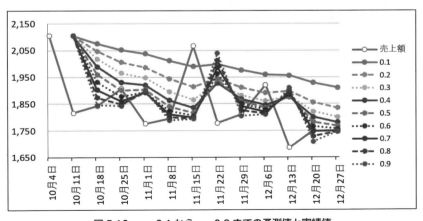

図5.16　α＝0.1からα＝0.9までの予測値と実績値

第5章 従来の予測手法

■ Excel のソルバーを使って最適な α 値を求める

上述の例では、α を 0.1 から 0.9 まで変化させて、誤差の平均が最小となる α を探しましたが、Excel のソルバー機能を利用してこの作業を自動化することができます。

図 5.9 の状態から、次のような手順でソルバーを実行します。

>（注）ソルバーのインストール方法は、第 3 章章末の「「分析ツール」の読み込み方法」を参照してください。

(1) 図 5.17 のように、Excel の［データ］タブの［ソルバー］ボタンをクリックすると［ソルバーのパラメーター］ウィンドウが開きます。

図 5.17　ソルバーの起動

(2) 図 5.18 のように［ソルバーのパラメーター］ウィンドウで各パラメーターを設定します。［目的セルの設定］に誤差の平均のセル（E16）を指定して、［目標値］の［最小値］にチェックを入れます。次に［変数セルの変更］に α 値のセル（E1）を指定して、［制約条件の対象］に $0 < \alpha < 1$ であることを設定するために、［追加］ボタンをクリックし、「\$E\$1 <= 0.9999」と「\$E\$1 >= 0.0001」を追加します。

5.2 指数平滑法

図 5.18 ソルバーのパラメーター設定

(3) ［解決］ボタンをクリックすると、［ソルバーの結果］ウィンドウが表示されるので［OK］ボタンをクリックします。このときシート上には自動的に結果が入力され、最適値として $\alpha = 0.4831044$ が求められています（図5.19）。

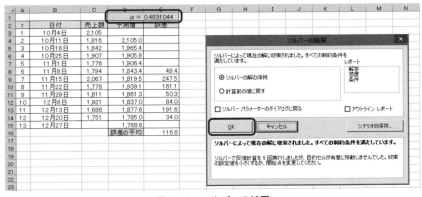

図 5.19 ソルバーの結果

5.3 ブラウン法

5.2 節では指数平滑法を紹介しました。本節では **2 重指数平滑法**とも呼ばれる**ブラウン法**について説明します。

5.3.1 ブラウン法とは

ブラウン法の予測式は次のとおりです。

$$F_{t+1} = a_t + b_t$$

（注）一般的には

$$F_{t+m} = a_t + mb_t$$

です。ここでは $m = 1$ としました。

a_t, b_t は次のように求めます。ここで、Y_t は時点 t におけるデータで、α は指数平滑法の α と同じく 0〜1 の値をとる定数です。α の値は指数平滑法と同様、予測の誤差が最小となるように決定します。

$$A_t = \alpha Y_t + (1-\alpha) A_{t-1}$$
$$B_t = \alpha A_t + (1-\alpha) B_{t-1}$$
$$a_t = 2A_t - B_t$$
$$b_t = \frac{\alpha}{1-\alpha}(A_t - B_t)$$

実際に予測値を計算するために、次のように初期値を決めます。

$$A_1 = B_1 = Y_1$$
$$a_1 = Y_1$$
$$b_1 = \frac{(Y_2 - Y_1) + (Y_4 - Y_3)}{2}$$

b_1 を求めるにはデータ $Y_1 \sim Y_4$ が必要なことから、ブラウン法で予測を行

うには最低 4 つのデータが必要であることがわかります。

5.3.2 実際のデータを Excel で予測する

表 5.3 はサンプルデータです。NO.1 〜 14 の値から NO.15 の値をブラウン法で予測してみます。

表 5.3 サンプルデータ

NO	実測値
1	1
2	2
3	3.5
4	4.6
5	6
6	7
7	8.4
8	9
9	10
10	11
11	13
12	15
13	17
14	19
15	?

(1) 最初の予測値 F_5 を求めるため、A_1, B_1, a_1, b_1, $\cdots$, A_4, B_4, a_4, b_4 を順に求めていきます。データは 4 つ以上必要なので、予測値は F_5 からとなることに注意してください。ここで、α の初期値を 0.5 と設定します（最適な α の求め方は 5.3.3 項で解説します）。

$$A_1 = B_1 = 1$$
$$a_1 = 1$$
$$b_1 = \frac{(2-1)+(4.6-3.5)}{2} = 1.05$$
$$A_2 = 0.5 \times 2 + (1-0.5) \times 1 = 1.5$$
$$B_2 = 0.5 \times 1.5 + (1-0.5) \times 1 = 1.25$$

$$a_2 = 2 \times 1.5 - 1.25 = 1.75$$

$$b_2 = \frac{0.5}{1-0.5} \times (1.5 - 1.25) = 0.25$$

$$A_3 = 0.5 \times 3.5 + (1-0.5) \times 1.5 = 2.5$$

$$B_3 = 0.5 \times 2.5 + (1-0.5) \times 1.25 = 1.875$$

$$a_3 = 2 \times 2.5 - 1.875 = 3.125$$

$$b_3 = \frac{0.5}{1-0.5} \times (2.5 - 1.875) = 0.625$$

$$A_4 = 0.5 \times 4.6 + (1-0.5) \times 2.5 = 3.55$$

$$B_4 = 0.5 \times 3.55 + (1-0.5) \times 1.875 = 2.7125$$

$$a_4 = 2 \times 3.55 - 2.7125 = 4.3875$$

$$b_4 = \frac{0.5}{1-0.5} \times (3.55 - 2.7125) = 0.8375$$

以上から予測値 F_5 が求まります。

$$F_5 = a_4 + b_4$$

より

$$F_5 = 4.3875 + 0.8375 = 5.225$$

実測値 Y_5 は 6 なので、相対誤差は

$$\begin{aligned}相対誤差 &= \left| \frac{予測値 - 実際の値}{実際の値} \right| \\ &= \left| \frac{5.225 - 6}{6} \right| \\ &= 12.9 \ [\%]\end{aligned}$$

です。

(2) 同様に、A_5, B_5, a_5, b_5 を求めて、予測値 F_6 を求めます。

$$A_5 = 0.5 \times 6 + (1-0.5) \times 3.55 = 4.775$$

$$B_5 = 0.5 \times 4.775 + (1-0.5) \times 2.7125 = 3.74375$$

$$a_5 = 2 \times 4.775 - 3.74375 = 5.80625$$

$$b_5 = \frac{0.5}{1-0.5} \times (4.775 - 3.74375) = 1.03125$$

以上から予測値 F_6 は

$$F_6 = a_5 + b_5$$

より

$$F_6 = 5.80625 + 1.03125 = 6.8375$$

と求められます。

実測値 $Y_6 = 7$ なので、相対誤差は 2.3% となります。

$$\begin{aligned}相対誤差 &= \left|\frac{予測値 - 実際の値}{実際の値}\right| \\ &= \left|\frac{6.8375 - 7}{7}\right| \\ &= 2.3 \ [\%]\end{aligned}$$

(3) 同様に A_{14}, B_{14}, a_{14}, b_{14} まで求め、予測値 F_{15} まで計算します。Excel を用いて求めた結果を図 5.20 に示します。

	A	B	C	D	E	F	G	H
1			$\alpha = 0.5$					
2	NO	実測値	A_t	B_t	a_t	b_t	予測値	
3	1	1	1	1	1	1.05		
4	2	2	1.5	1.25	1.75	0.25		
5	3	3.5	2.5	1.875	3.125	0.625		
6	4	4.6	3.55	2.7125	4.3875	0.8375		
7	5	6	4.775	3.74375	5.80625	1.03125	5.225	
8	6	7	5.8875	4.81563	6.95938	1.07188	6.8375	
9	7	8.4	7.14375	5.97969	8.30781	1.16406	8.03125	
10	8	9	8.07188	7.02578	9.11797	1.04609	9.47188	
11	9	10	9.03594	8.03086	10.041	1.00508	10.1641	
12	10	11	10.018	9.02441	11.0115	0.99355	11.0461	
13	11	13	11.509	10.2667	12.7513	1.24229	12.0051	
14	12	15	13.2545	11.7606	14.7484	1.4939	13.9936	
15	13	17	15.1272	13.4439	16.8106	1.68333	16.2423	
16	14	19	17.0636	15.2538	18.8735	1.80985	18.4939	
17	15	21					20.6833	
18								

Y_{15} は A17 の 21、F_{15} は G17 の 20.6833

図 5.20 Excel での算出結果

実測値 $Y_{15} = 21$ でしたので、予測値 F_{15} の相対誤差は 1.5% となります。

$$\text{相対誤差} = \left| \frac{\text{予測値} - \text{実際の値}}{\text{実際の値}} \right|$$

$$= \left| \frac{20.6833 - 21}{21} \right|$$

$$= 1.5 \ [\%]$$

実測値および予測値のグラフは図 5.21 のとおりです。

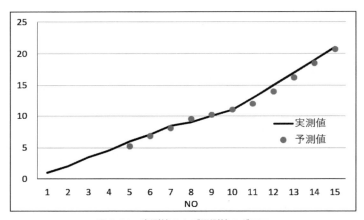

図 5.21　実測値および予測値のグラフ

予測値は実測値によく合っているようです。ブラウン法は、このように一定の上昇（下降）傾向があるデータの予測を得意とする手法です。

■ 5.3.3　最適な α 値の求め方

5.3.2 項の説明では α の値が初期値の 0.5 のままでしたが、α の値は指数平滑法と同様に、予測値の誤差が最小となるように決定します。

α の値を変化させると、予測値の誤差はどのように変化するか調べてみましょう。まず、図 5.20 の $\alpha = 0.5$ での結果から、予測値と実測値の誤差、および誤差の平均を求めます（図 5.22）。

5.3 ブラウン法

	A	B	C	D	E	F	G	H	I
1			$\alpha=$	0.5					
2	NO	実測値	A_t	B_t	a_t	b_t	予測値	誤差	
3	1	1	1	1	1	1.05			
4	2	2	1.5	1.25	1.75	0.25			
5	3	3.5	2.5	1.875	3.125	0.625			
6	4	4.6	3.55	2.7125	4.3875	0.8375			
7	5	6	4.775	3.74375	5.80625	1.03125	5.225	0.7750	
8	6	7	5.8875	4.81563	6.95938	1.07188	6.8375	0.1625	
9	7	8.4	7.14375	5.97969	8.30781	1.16406	8.03125	0.3688	
10	8	9	8.07188	7.02578	9.11797	1.04609	9.47188	0.4719	
11	9	10	9.03594	8.03086	10.041	1.00508	10.1641	0.1641	
12	10	11	10.018	9.02441	11.0115	0.99355	11.0461	0.0461	
13	11	13	11.509	10.2667	12.7513	1.24229	12.0051	0.9949	
14	12	15	13.2545	11.7606	14.7484	1.4939	13.9936	1.0064	
15	13	17	15.1272	13.4439	16.8106	1.68333	16.2423	0.7577	
16	14	19	17.0636	15.2538	18.8735	1.80985	18.4939	0.5061	
17	15	21					20.6833	0.3167	
18							誤差の平均	0.5064	
19									

図 5.22 誤差と誤差の平均の算出

同様に $\alpha=0.1, 0.3, 0.7, 0.9$ での予測値と誤差を求めると図 5.23 のようになります。

	A	B	G	H	I	N	O	P	U	V	W	AB	AC	AI	AI	AJ
1			$\alpha=0.1$			$\alpha=0.3$			$\alpha=0.5$			$\alpha=0.7$			$\alpha=0.9$	
2	NO	実測値	予測値	誤差		予測値	誤差		予測値	誤差		予測値	誤差		予測値	誤差
3	1	1														
4	2	2														
5	3	3.5														
6	4	4.6														
7	5	6	2.289	3.7110		4.153	1.8470		5.225	0.7750		5.697	0.3030		5.761	0.2390
8	6	7	3.0935	3.9065		5.6815	1.3185		6.8375	0.1625		7.2335	0.2335		7.3495	0.3495
9	7	8.4	3.97421	4.4258		7.05913	1.3409		8.03125	0.3688		8.16737	0.2326		8.07229	0.3277
10	8	9	4.99784	4.0022		8.56885	0.4312		9.47188	0.4719		9.63941	0.6394		9.73096	0.7310
11	9	10	5.98101	4.0190		9.65341	0.3466		10.1641	0.1641		10.0046	0.0046		9.74947	0.2505
12	10	11	7.00756	3.9924		10.726	0.2740		11.0461	0.0461		10.9452	0.0548		10.9426	0.0574
13	11	13	8.06899	4.9310		11.7863	1.2137		12.0051	0.9949		11.9667	1.0333		11.991	1.0090
14	12	15	9.35806	5.6419		13.435	1.5650		13.9936	1.0064		14.385	0.6150		14.7988	0.2012
15	13	17	10.8386	6.1614		15.4038	1.5962		16.2423	0.7577		16.724	0.2760		16.9698	0.0302
16	14	19	12.4795	6.5205		17.5321	1.4679		18.4939	0.5061		18.8897	0.1103		18.996	0.0040
17	15	21	14.2538	6.7462		19.7271	1.2729		20.6833	0.3167		20.9587	0.0413		20.9995	0.0005
18			誤差の平均	4.9144			1.1522			0.5064			0.3222			0.2909
19																

図 5.23 $\alpha=0.1, 0.3, 0.5, 0.7, 0.9$ での誤差と誤差の平均

$\alpha = 0.1, 0.3, 0.5, 0.7, 0.9$ での誤差の平均を棒グラフで示します（図 5.24）。

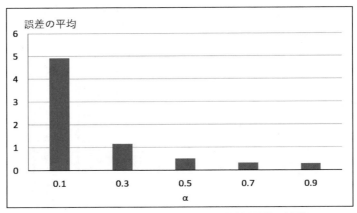

図 5.24　α＝0.1, 0.3, 0.5, 0.7, 0.9 での誤差の平均の棒グラフ

図 5.23 と図 5.24 より、α が大きくなるにつれて誤差の平均が小さくなっているといえるので、ここでは $\alpha = 0.9$ を最適な α として利用できることがわかります。

実測値と $\alpha = 0.1, 0.3, 0.5, 0.7, 0.9$ のときの予測値を折れ線グラフで示してみます（図 5.25）。

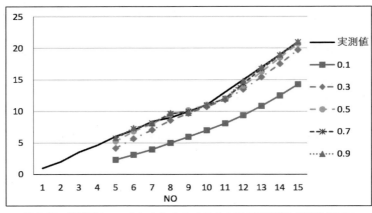

図 5.25　実測値と α＝0.1, 0.3, 0.5, 0.7, 0.9 での予測値の折れ線グラフ

図 5.25 より、α の値が小さいほど予測値の値が小さくなっていることがわかります。これは α の値が小さいほど、古い時点（Y_{t-2} 以前）のデータの影響を大きく受けていることを示しています。逆に α の値が大きいほど、直前（Y_{t-1}）のデータの影響が大きくなります。

α の値の決定には、Excel のソルバーを利用することも可能です。ソルバーを利用すると、α の最適値は 0.8897 と求められます（図 5.26）。

	A	B	C	D	E	F	G	H
1			$\alpha =$	0.8897				
2	NO	実測値	A_t	B_t	a_t	b_t	予測値	誤差
3	1	1	1	1	1	1.05		
4	2	2	1.8897	1.79156	1.98783	0.79156		
5	3	3.5	3.32238	3.15352	3.49123	1.36196		
6	4	4.6	4.45907	4.31507	4.60308	1.16154		
7	5	6	5.83003	5.66293	5.99714	1.34786	5.76462	0.2354
8	6	7	6.87095	6.7377	7.0042	1.07477	7.34499	0.3450
9	7	8.4	8.23134	8.06659	8.39609	1.32889	8.07897	0.3210
10	8	9	8.91521	8.82161	9.00882	0.75502	9.72498	0.7250
11	9	10	9.88034	9.76356	9.99713	0.94195	9.76384	0.2362
12	10	11	10.8765	10.7537	10.9993	0.99018	10.9391	0.0609
13	11	13	12.7658	12.5438	12.9877	1.7901	11.9894	1.0106
14	12	15	14.7536	14.5098	14.9973	1.96598	14.7778	0.2222
15	13	17	16.7522	16.5049	16.9996	1.99505	16.9633	0.0367
16	14	19	18.7521	18.5042	18.9999	1.99932	18.9946	0.0054
17	15	21					20.9993	0.0007
18							誤差の平均	0.2908

図 5.26 ソルバーで求めた α の最適値

5.3.4 ブラウン法が不得意とするデータ

ブラウン法は、表 5.4（図 5.27）のような周期性のあるデータや、振動するデータの予測は不得意です。

表 5.4　サンプルデータ

NO	実測値
1	1
2	2
3	3
4	4
5	5
6	4
7	3
8	2
9	1
10	2
11	3
12	4
13	5
14	?

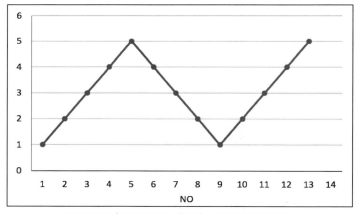

図 5.27　表 5.4 のサンプルデータの折れ線グラフ

ブラウン法による予測結果は、図 5.28 のようになります。

5.3 ブラウン法

	A	B	C	D	E	F	G	H	I	J
1			α = 0.9							
2	NO	実測値	A_t	B_t	a_t	b_t	予測値	誤差	相対誤差	
3	1	1	1	1	1	1				
4	2	2	1.9	1.81	1.99	0.81				
5	3	3	2.89	2.782	2.998	0.972				
6	4	4	3.889	3.7783	3.9997	0.9963				
7	5	5	4.8889	4.77784	4.99996	0.99954	4.996	0.0040	0.1%	
8	6	4	4.08889	4.15779	4.02	-0.6201	5.9995	1.9995	50.0%	
9	7	3	3.10889	3.21378	3.004	-0.944	3.39994	0.3999	13.3%	
10	8	2	2.11089	2.22118	2.0006	-0.9926	2.05999	0.0600	3.0%	
11	9	1	1.11109	1.2221	1.00008	-0.9991	1.008	0.0080	0.8%	
12	10	2	1.91111	1.84022	1.98001	0.62011	0.001	1.9990	100.0%	
13	11	3	2.89111	2.78622	2.996	0.94401	2.60012	0.3999	13.3%	
14	12	4	3.88911	3.77882	3.9994	0.9926	3.94001	0.0600	1.5%	
15	13	5	4.88891	4.7779	4.99992	0.99908	4.992	0.0080	0.2%	
16	14	4					5.999	1.9990	50.0%	
17										

図 5.28　表 5.4 のサンプルデータのブラウン法での予測結果

図 5.28 より、実測値に対する予測値の相対誤差は最大で 100% のときもあり、予測精度はよいとはいえません。実測値および予測値の折れ線グラフを図 5.29 に示します。

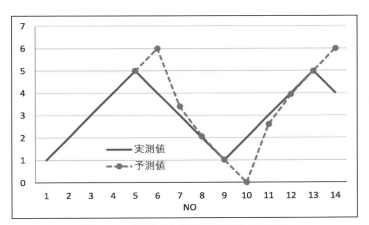

図 5.29　実測値および予測値の折れ線グラフ

図 5.29 から、実測値が上昇から下降、または下降から上昇に転じた直後の予測値が大きく外れていることがわかります。予測値はその後あわてたように実測値に近づいています。ブラウン法は、過去のデータの傾向をもとに予測値

を求めるので、周期性のあるデータや振動するデータのように値が上下するデータの予測には適さないといえます。

5.3.5　百貨店の売上高の予測事例

表5.5は2014年1月から2015年12月までの全国百貨店の売上高データです。このデータを用いて2016年1月の売上高をブラウン法を用いて予測してみます。

表5.5　全国百貨店の売上高

（日本百貨店協会HPより）

年月	全国百貨店売上高〔億円〕
2014年1月	5,600
2014年2月	4,431
2014年3月	6,819
2014年4月	4,172
2014年5月	4,618
2014年6月	4,884
2014年7月	5,449
2014年8月	4,272
2014年9月	4,407
2014年10月	4,783
2014年11月	5,581
2014年12月	7,107
2015年1月	5,424
2015年2月	4,458
2015年3月	5,442
2015年4月	4,723
2015年5月	4,887
2015年6月	4,880
2015年7月	5,612
2015年8月	4,363
2015年9月	4,464
2015年10月	4,975
2015年11月	5,419
2015年12月	7,098
2016年1月	?

$\alpha = 0.5$ と設定し、ブラウン法による予測値を求めると図 5.30 のようになります。

	A	B	C	D	E	F	G	H	I
1			$\alpha = 0.5$						
2	年月	全国百貨店売上高(億円)	A_t	B_t	a_t	b_t	予測値	誤差	相対誤差
3	2014年1月	5600	5600	5600	5600	-1908			
4	2014年2月	4431	5015.5	5307.75	4723.25	-292.25			
5	2014年3月	6819	5917.25	5612.5	6222	304.75			
6	2014年4月	4172	5044.63	5328.56	4760.69	-283.94			
7	2014年5月	4618	4831.31	5079.94	4582.69	-248.63	4476.75	141.25	3.1%
8	2014年6月	4884	4857.66	4968.8	4746.52	-111.14	4334.06	549.94	11.3%
9	2014年7月	5449	5153.33	5061.06	5245.59	92.2656	4635.38	813.63	14.9%
10	2014年8月	4272	4712.66	4886.86	4538.46	-174.2	5337.86	1065.86	24.9%
11	2014年9月	4407	4559.83	4723.35	4396.32	-163.52	4364.27	42.73	1.0%
12	2014年10月	4783	4671.42	4697.38	4645.45	-25.966	4232.80	550.20	11.5%
13	2014年11月	5581	5126.21	4911.79	5340.62	214.413	4619.48	961.52	17.2%
14	2014年12月	7107	6116.6	5514.2	6719.01	602.405	5555.03	1551.97	21.8%
15	2015年1月	5424	5770.3	5642.25	5898.35	128.051	7321.41	1897.41	35.0%
16	2015年2月	4458	5114.15	5378.2	4850.1	-264.05	6026.40	1568.40	35.2%
17	2015年3月	5442	5278.08	5328.14	5228.01	-50.063	4586.05	855.95	15.7%
18	2015年4月	4723	5000.54	5164.34	4836.74	-163.8	5177.95	454.95	9.6%
19	2015年5月	4887	4943.77	5054.05	4833.48	-110.28	4672.94	214.06	4.4%
20	2015年6月	4880	4911.88	4982.97	4840.8	-71.084	4723.20	156.80	3.2%
21	2015年7月	5612	5261.94	5122.46	5401.43	139.487	4769.72	842.28	15.0%
22	2015年8月	4363	4812.47	4967.46	4657.48	-154.99	5540.92	1177.92	27.0%
23	2015年9月	4464	4638.24	4802.85	4473.62	-164.61	4502.49	38.49	0.9%
24	2015年10月	4975	4806.62	4804.73	4808.5	1.88416	4309.01	665.99	13.4%
25	2015年11月	5419	5112.81	4958.77	5266.85	154.038	4810.39	608.61	11.2%
26	2015年12月	7098	6105.4	5532.09	6678.72	573.317	5420.88	1677.12	23.6%
27	2016年1月	5310					7252.04	1942.04	36.6%

図 5.30 $\alpha = 0.5$ での予測結果

2016 年 1 月の予測値は 7,252.04、実測値は 5,310 でしたので、相対誤差は

$$\text{相対誤差} = \left| \frac{\text{予測値} - \text{実際の値}}{\text{実際の値}} \right|$$
$$= \left| \frac{7252.04 - 5310}{5310} \right|$$
$$= 36.6\%$$

と、あまりよくありません。

$\alpha = 0.1, 0.3, 0.7, 0.9$ についても予測値を求めてみると、図 5.31 のような結果が得られます。

第 5 章　従来の予測手法

	A	B	G	H	I	O	P	Q
1			$\alpha=0.1$			$\alpha=0.3$		
2	年月	全国百貨店売上高(億円)	予測値	誤差	相対誤差	予測値	誤差	相対誤差
3	2014年1月	5600						
4	2014年2月	4431						
5	2014年3月	6819						
6	2014年4月	4172						
7	2014年5月	4618	5353.29	735.29	15.9%	4949.08	331.08	7.2%
8	2014年6月	4884	5194.34	310.34	6.4%	4658.43	225.57	4.6%
9	2014年7月	5449	5113.03	335.97	6.2%	4671.97	777.03	14.3%
10	2014年8月	4272	5157.87	885.87	20.7%	5036.69	764.69	17.9%
11	2014年9月	4407	4961.71	554.71	12.6%	4546.31	139.31	3.2%
12	2014年10月	4783	4822.92	39.92	0.8%	4362.34	420.66	8.8%
13	2014年11月	5581	4781.54	799.46	14.3%	4501.81	1079.19	19.3%
14	2014年12月	7107	4907.64	2199.36	30.9%	5074.26	2032.74	28.6%
15	2015年1月	5424	5321.71	102.29	1.9%	6315.97	891.97	16.4%
16	2015年2月	4458	5338.36	880.36	19.7%	5985.79	1527.79	34.3%
17	2015年3月	5442	5159.51	282.49	5.2%	5193.85	248.15	4.6%
18	2015年4月	4723	5204.42	481.42	10.2%	5329.97	606.97	12.9%
19	2015年5月	4887	5099.37	212.37	4.3%	4975.35	88.35	1.8%
20	2015年6月	4880	5043.32	163.32	3.3%	4877.28	2.72	0.1%
21	2015年7月	5612	4994.96	617.04	11.0%	4825.90	786.10	14.0%
22	2015年8月	4363	5101.03	738.03	16.9%	5244.79	881.79	20.2%
23	2015年9月	4464	4942.26	478.26	10.7%	4733.69	269.69	6.0%
24	2015年10月	4975	4828.07	146.93	3.0%	4510.50	464.50	9.3%
25	2015年11月	5419	4834.13	584.87	10.8%	4703.54	715.46	13.2%
26	2015年12月	7098	4929.25	2168.75	30.6%	5088.97	2009.03	28.3%
27	2016年1月	5310	5346.99	36.99	0.7%	6314.93	1004.93	18.9%
28			誤差の平均	607.34		誤差の平均	727.03	

W	X	Y	AE	AF	AG	AM	AN	AO
$\alpha=0.5$			$\alpha=0.7$			$\alpha=0.9$		
予測値	誤差	相対誤差	予測値	誤差	相対誤差	予測値	誤差	相対誤差
4476.75	141.25	3.1%	3711.86	906.14	19.6%	2429.97	2188.03	47.4%
4334.06	549.94	11.3%	4230.84	653.16	13.4%	4582.81	301.19	6.2%
4635.38	813.63	14.9%	4839.66	609.34	11.2%	5111.64	337.36	6.2%
5337.86	1065.86	24.9%	5707.18	1435.18	33.6%	5949.54	1677.54	39.3%
4364.27	42.73	1.0%	4010.95	396.05	9.0%	3433.88	973.12	22.1%
4232.80	550.20	11.5%	4175.20	607.80	12.7%	4330.60	452.40	9.5%
4619.48	961.52	17.2%	4829.97	751.03	13.5%	5078.25	502.75	9.0%
5555.03	1551.97	21.8%	5983.08	1123.92	15.8%	6282.97	824.03	11.6%
7321.41	1897.41	35.0%	8026.24	2602.24	48.0%	8473.22	3049.22	56.2%
6026.40	1568.40	35.2%	5403.50	945.50	21.2%	4359.08	98.92	2.2%
4586.05	855.95	15.7%	3825.10	1616.90	29.7%	3441.72	2000.28	36.8%
5177.95	454.95	9.6%	5370.76	647.76	13.7%	6026.93	1303.93	27.6%
4672.94	214.06	4.4%	4538.18	348.82	7.1%	4284.79	602.21	12.3%
4723.20	156.80	3.2%	4783.41	96.59	2.0%	4917.52	37.52	0.8%
4769.72	842.28	15.0%	4846.44	765.56	13.6%	4886.53	725.47	12.9%
5540.92	1177.92	27.0%	5893.36	1530.36	35.1%	6198.53	1835.53	42.1%
4502.49	38.49	0.9%	4101.11	362.89	8.1%	3488.36	975.64	21.9%
4309.01	665.99	13.4%	4209.54	765.46	15.4%	4351.52	623.48	12.5%
4810.39	608.61	11.2%	5059.38	359.62	6.6%	5371.06	47.94	0.9%
5420.88	1677.12	23.6%	5716.12	1381.88	19.5%	5859.65	1238.35	17.4%
7252.04	1942.04	36.6%	7980.24	2670.24	50.3%	8529.81	3219.81	60.6%
誤差の平均	846.53		誤差の平均	979.83		誤差の平均	1095.94	

図 5.31　$\alpha=0.1, 0.3, 0.5, 0.7, 0.9$ での予測結果

α の値ごとの誤差の平均を棒グラフに表してみます（図5.32）。

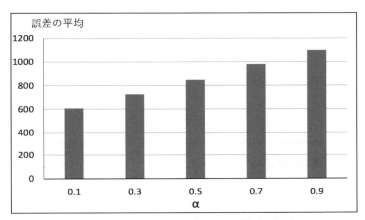

図5.32　$\alpha=0.1, 0.3, 0.5, 0.7, 0.9$ での誤差の平均

図5.32より、α が小さいほど誤差の平均が小さくなっていますので、$\alpha=0.1$ が最適であるといえそうです。実際の売上高と $\alpha=0.1, 0.5, 0.9$ のときの予測値を折れ線グラフに表すと図5.33のようになります。

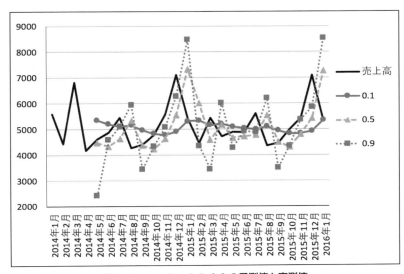

図5.33　$\alpha=0.1, 0.5, 0.9$ の予測値と実測値

図 5.33 より、$\alpha = 0.9$ では予測値が実測値を外れて大きく変動して、あまりよい予測ではないことがわかります。一方、最適な $\alpha = 0.1$ では実際の売上高より変動のない安定した状態の予測値を示していることがわかります。

このように周期的な変動を持つデータをブラウン法で予測すると、その周期変動を除いた状態の予測値が求められることがあります。これは季節変動を取り除く季節調整と同じです。季節調整には、次節に示す移動平均法も利用できます。

5.4 移動平均法

■ 5.4.1 移動平均法による予測とは

第1章で季節調整に利用した移動平均を、予測値として利用することができます。本節では移動平均による予測の事例を紹介します。

移動平均法は、平均をとる区間を徐々にずらしてデータの平均値を計算します。平均によってデータの変動がなめらかになり、データのマクロな傾向をつかむのに適した手法です。**移動平均フィルタリング**とも呼ばれます。

したがって移動平均法は、周期的な変動、不規則な変動を持つデータ、振動したり単純な変動のパターンを繰り返すデータなどに有効な分析手法です。株価データの変動の傾向を示すのによく利用されます。

移動平均法は、移動平均をとる区間をいくつに設定するかがポイントとなります。

■ 5.4.2 実際のデータを Excel で予測する

表 5.6 はアサヒグループ HD 社の株価の、2016 年 1 月 4 日〜2 月 29 日の終値のデータです。

表 5.6　アサヒグループ HD 社株価

NO	日付	終値
1	1月4日	3,700
2	1月5日	3,733
3	1月6日	3,751
4	1月7日	3,767
5	1月8日	3,769
6	1月12日	3,645
7	1月13日	3,692
8	1月14日	3,595
9	1月15日	3,594
10	1月18日	3,534
11	1月19日	3,486
12	1月20日	3,413
13	1月21日	3,287
14	1月22日	3,467
15	1月25日	3,526
16	1月26日	3,493
17	1月27日	3,593
18	1月28日	3,643
19	1月29日	3,837
20	2月1日	3,872
21	2月2日	3,912
22	2月3日	3,853
23	2月4日	3,787
24	2月5日	3,747
25	2月8日	3,736
26	2月9日	3,625
27	2月10日	3,334
28	2月12日	3,328
29	2月15日	3,542
30	2月16日	3,410
31	2月17日	3,328
32	2月18日	3,386
33	2月19日	3,360
34	2月22日	3,497
35	2月23日	3,383
36	2月24日	3,313
37	2月25日	3,350
38	2月26日	3,409
39	2月29日	3,316

第5章 従来の予測手法

ここでは、平均をとる区間を5区間と10区間として、移動平均法による予測値を求めてみます。

■移動平均区間が5区間の場合

移動平均区間が5区間の場合、該当する5つのデータの平均値を計算して予測値を求めます。時点 t での予測値 F_t を求める式は次のとおりで、直前の5つのデータの平均値が次の時点の予測値となります。

$$F_t = \frac{Y_{t-5} + Y_{t-4} + Y_{t-3} + Y_{t-2} + Y_{t-1}}{5} \quad \text{ただし、} t \geqq 6$$

それでは、Excel を用いて予測値を求めてみましょう。平均値を求めるには AVERAGE 関数を利用します(図 5.34)。

	A	B	C	D	E
1	NO	日付	終値	5区間移動平均	
2	1	1月4日	3,700		
3	2	1月5日	3,733		
4	3	1月6日	3,751		
5	4	1月7日	3,767		
6	5	1月8日	3,769		
7	6	1月12日		=AVERAGE(C2:C6)	
8	7	1月13日	3,692		
9	8	1月14日	3,595		
10	9	1月15日	3,594		
11	10	1月18日	3,534		
12	11	1月19日	3,486		
13	12	1月20日	3,413		
14	13	1月21日	3,287		
15	14	1月22日	3,467		
16	15	1月25日	3,526		
17	16	1月26日	3,493		
18	17	1月27日	3,593		
19	18	1月28日	3,643		
20	19	1月29日	3,837		
21	20	2月1日	3,872		
22	21	2月2日	3,912		

図 5.34 Excel での計算(5区間移動平均)

5区間移動平均値（予測値）は図 5.35 のように求められます。

	A	B	C	D	E
1	NO	日付	終値	5区間移動平均	
7	6	1月12日	3,645	3,744	
8	7	1月13日	3,692	3,733	
9	8	1月14日	3,595	3,725	
10	9	1月15日	3,594	3,694	
11	10	1月18日	3,534	3,659	
12	11	1月19日	3,486	3,612	
13	12	1月20日	3,413	3,580	
14	13	1月21日	3,287	3,524	
15	14	1月22日	3,467	3,463	
16	15	1月25日	3,526	3,437	
17	16	1月26日	3,493	3,436	
18	17	1月27日	3,593	3,437	
19	18	1月28日	3,643	3,473	
20	19	1月29日	3,837	3,544	
21	20	2月1日	3,872	3,618	
22	21	2月2日	3,912	3,688	
23	22	2月3日	3,853	3,771	
24	23	2月4日	3,787	3,823	
25	24	2月5日	3,747	3,852	
26	25	2月8日	3,736	3,834	
27	26	2月9日	3,625	3,807	
28	27	2月10日	3,334	3,750	
29	28	2月12日	3,328	3,646	
30	29	2月15日	3,542	3,554	
31	30	2月16日	3,410	3,513	
32	31	2月17日	3,328	3,448	
33	32	2月18日	3,386	3,388	
34	33	2月19日	3,360	3,399	
35	34	2月22日	3,497	3,405	
36	35	2月23日	3,383	3,396	
37	36	2月24日	3,313	3,391	
38	37	2月25日	3,350	3,388	
39	38	2月26日	3,409	3,381	
40	39	2月29日	3,316	3,390	
41					

図 5.35　5 区間移動平均値（予測値）

5区間移動平均値（予測値）と終値の折れ線グラフは図 5.36 のようになります。

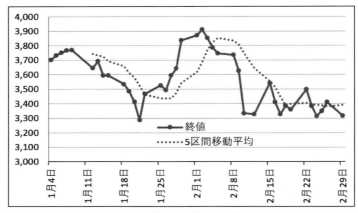

図 5.36　5 区間移動平均値（予測値）と終値

■移動平均区間が 10 区間の場合

移動平均区間が 10 区間の場合、時点 t での予測値 F_t を求める式は次のとおりです。

$$F_t = \frac{Y_{t-10} + Y_{t-9} + Y_{t-8} + Y_{t-7} + Y_{t-6} + Y_{t-5} + Y_{t-4} + Y_{t-3} + Y_{t-2} + Y_{t-1}}{10}$$
ただし、$t \geqq 11$

5 区間移動平均と同様に、Excel を用いて予測値を求めます（図 5.37）。

5.4 移動平均法

	A	B	C	D	E
1	NO	日付	終値	10区間移動平均	
2	1	1月4日	3,700		
3	2	1月5日	3,733		
4	3	1月6日	3,751		
5	4	1月7日	3,767		
6	5	1月8日	3,769		
7	6	1月12日	3,645		
8	7	1月13日	3,692		
9	8	1月14日	3,595		
10	9	1月15日	3,594		
11	10	1月18日	3,534		
12	11	1月19日		=AVERAGE(C2:C11)	
13	12	1月20日	3,413	3,580	
14	13	1月21日	3,287	3,524	
15	14	1月22日	3,467	3,463	
16	15	1月25日	3,526	3,437	
17	16	1月26日	3,493	3,436	
18	17	1月27日	3,593	3,437	
19	18	1月28日	3,643	3,473	
20	19	1月29日	3,837	3,544	
21	20	2月1日	3,872	3,618	
22	21	2月2日	3,912	3,688	

図 5.37 Excel での計算(10 区間移動平均)

10 区間移動平均の予測値は図 5.38 のようになります。

	A	B	C	D	E
1	NO	日付	終値	10区間移動平均	
12	11	1月19日	3,486	3,678	
13	12	1月20日	3,413	3,657	
14	13	1月21日	3,287	3,625	
15	14	1月22日	3,467	3,578	
16	15	1月25日	3,526	3,548	
17	16	1月26日	3,493	3,524	
18	17	1月27日	3,593	3,509	
19	18	1月28日	3,643	3,499	
20	19	1月29日	3,837	3,504	
21	20	2月1日	3,872	3,528	
22	21	2月2日	3,912	3,562	
23	22	2月3日	3,853	3,604	
24	23	2月4日	3,787	3,648	
25	24	2月5日	3,747	3,698	
26	25	2月8日	3,736	3,726	
27	26	2月9日	3,625	3,747	
28	27	2月10日	3,334	3,761	
29	28	2月12日	3,328	3,735	
30	29	2月15日	3,542	3,703	
31	30	2月16日	3,410	3,674	
32	31	2月17日	3,328	3,627	
33	32	2月18日	3,386	3,569	
34	33	2月19日	3,360	3,522	
35	34	2月22日	3,497	3,480	
36	35	2月23日	3,383	3,455	
37	36	2月24日	3,313	3,419	
38	37	2月25日	3,350	3,388	
39	38	2月26日	3,409	3,390	
40	39	2月29日	3,316	3,398	
41					

図 5.38 10 区間移動平均値(予測値)

10区間移動平均値（予測値）と終値の折れ線グラフは図 5.39 のようになります。

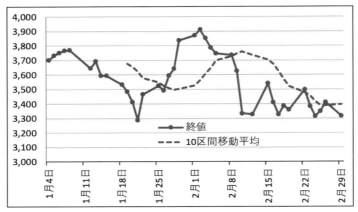

図 5.39　10 区間移動平均値（予測値）と終値

図 5.36 と図 5.39 を比較すると、移動平均区間の短い図 5.36 のグラフの方が変動が大きく、移動平均区間が長い図 5.39 のグラフの方がなだらかなグラフになっていることがわかります。

短期的なトレンドをつかむには短い区間、より長期的なトレンドをつかむには長い区間が適していることがわかります。

5.4.3　Excel のグラフ機能を用いて移動平均線を求める

5.4.2 項では Excel 関数を用いて移動平均を計算しましたが、Excel のグラフ機能を用いて簡単に移動平均線を描くことができます。

（1）まず、データ（表 5.6）の折れ線グラフを描きます（図 5.40）。

5.4 移動平均法

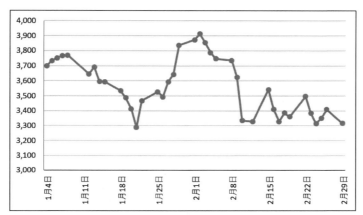

図 5.40　データの折れ線グラフ

(2) 次に、グラフの線上を右クリックし、表示されるメニューで［近似曲線の追加］をクリックします（図 5.41）。

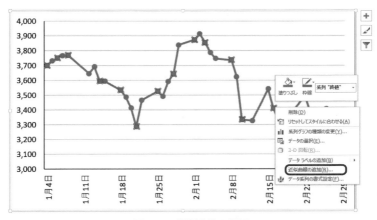

図 5.41　近似曲線の追加

(3) Excel シートの右側に［近似曲線の書式設定］ウィンドウが表示されますので、［移動平均］にチェックを入れ、［区間］を「5」に設定します（図 5.42）。

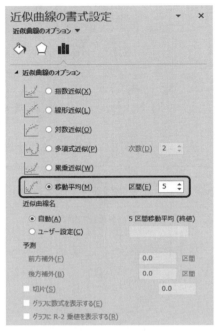

図 5.42　近似曲線の書式設定

（4）グラフに5区間の移動平均線が表示されます（図 5.43）。

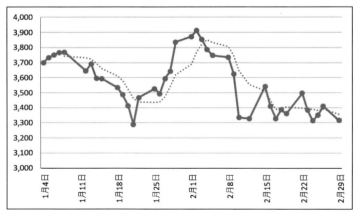

図 5.43　図 5.40 に5区間移動平均線を追加

(5)（2）〜（4）の手順を繰り返すことで、簡単に10区間の移動平均線も追加できます（図5.44）。

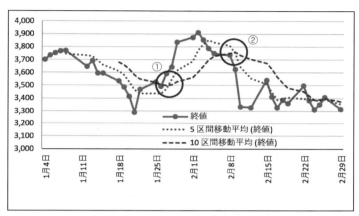

図 5.44　図 5.43 に 10 区間移動平均線を追加

図5.44から、5区間移動平均と10区間移動平均との違いがわかりやすくなりました。区間数が多い10区間の方が、よりなめらかな「マクロ（大局的）」なトレンドを示していることがわかります。

また、図5.44の①と②の部分に注目すると、

- ①では、5区間移動平均線が10区間移動平均線を下から上に抜いています。

    ①の後の終値は上昇傾向になっています。
- ②では、10区間移動平均線が5区間移動平均線を下から上に抜いています。

    ②の後の終値は下降傾向になっています。

株価チャートに詳しい方はご存知と思いますが、①のように短期の移動平均線が長期の移動平均線を下から上に抜くのを「ゴールデンクロス」、②のように長期の移動平均線が短期の移動平均線を下から上に抜くのが「デッドクロス」で、「ゴールデンクロス」が買いのシグナル、「デッドクロス」が売りのシグナルとして、投資家の判断基準の1つになっています。

第5章 従来の予測手法

まとめ

- 差の平均法は、比較的単純に予測値を計算することができるので、Excelで簡単に実現できます。時系列の隣り合う値の差をとり、その平均値を見て予測値を計算します。そのため、上昇から下降、下降から上昇と変化するデータには弱い手法といえます。
- 指数平滑法は、予測手法としてよく利用される一般的な手法で、係数 α によって現在に近いデータに置くウェイトを調整します。本書では最適な α を、予測値の誤差の平均が最小となるように決定しました。
- 指数平滑法は、直前のデータを重視して予測するため、差の平均法と同様に変化に対して弱いという特性もあります。
- ブラウン法は、2重指数平滑法とも呼ばれているように指数平滑法の発展形で、その予測精度を向上させた手法といえます。指数平滑法と同様に、最適な係数 α を決定することがポイントとなります。
- ブラウン法が得意とするデータは、一定な上昇（下降）傾向があるデータです。周期性のあるデータや、振動するデータの予測にはブラウン法は適していません。
- 移動平均法とは、平均をとる区間を徐々にずらして計算し、データをなめらかにする手法です。平均をとる区間を小さくとると短期的なトレンド（傾向）を、区間を大きくとるとマクロなトレンドをつかむことができます。
- Excelのグラフ機能を用いて、簡単に移動平均線を描くことができます。

▶ 参考文献

- 「Forecasting Principles and Applications」Stephen A. DeLurgio, McGraw-Hill Education (ISE Editions), 1998
- 「日本百貨店協会 HP」
  http://www.depart.or.jp/common_department_store_sale/list

第6章 最近隣法

6.1 最近隣法とは

　データマイニングにおいてよく使われる手法に、ニューラルネット、カオス理論などがあります。本章では、その中でもよく利用される、カオス理論の中の**最近隣法**による時系列予測について説明します。カオス理論は「一見規則性のない無秩序に見えるものが、実は非常に秩序正しいものから発生している」という考え方に基づいた理論です。カオス理論の中で最近隣法は、規則性が見られないデータから、なんらかの秩序にしたがった規則性を見つけるのに非常に有効な方法となっています。

第6章 最近隣法

　図6.1、図6.2は、月ごとの売上データを散布図にしたものです。図6.1のデータには、月にしたがって上昇する秩序が見られます。次月の売上高の予測には、1次式（$y = a + bx$）を適用した単回帰分析を用いれば、予測値はそれほど狂うことはないでしょう。

　これに対して、図6.2のデータにはこのような秩序が見られないので、データを式で表すことは難しそうです。このように一見規則性が見られないデータは、カオス状態とみなして最近隣法による予測が有効となります。

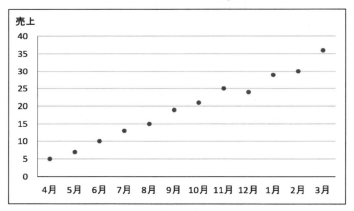

図6.1　秩序（上昇傾向）が見られる

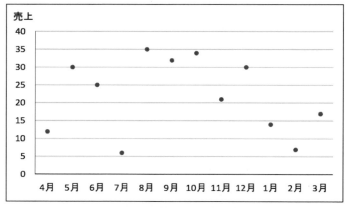

図6.2　一見無秩序なカオス状態

6.2 実際のデータを最近隣法で予測する

表 6.1 は総務省統計局の家計調査結果として公表されている、2008 年度から 2012 年度までの 1 世帯あたり年間旅行消費額のデータです。図 6.3 はそのデータをグラフで示したものです。このデータから最近隣法を用いて、2013 年度の予測値を求めてみましょう。

表 6.1　1 世帯あたり年間旅行消費額

年度	年間旅行消費額〔円〕
2008	48,492
2009	42,964
2010	40,776
2011	40,848
2012	42,588
2013	?

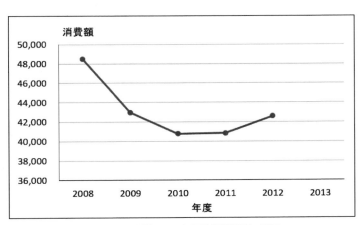

図 6.3　1 世帯あたり年間旅行消費額の推移

最近隣法は、直前の連続した 2 つの値と関係が近い過去のデータを参照して予測値を算出します。参照する過去のデータは 1 つに限らず、複数のデータを関係の近いものから重み付けして予測します。

具体的な手順は次のとおりです。

第6章 最近隣法

(1) 時点 t に対する y_t としてデータを記述します(図6.4)。

	A	B	C
1	t	年度	y_t
2	1	2008	48,492
3	2	2009	42,964
4	3	2010	40,776
5	4	2011	40,848
6	5	2012	42,588
7	6	2013	

図6.4 最近隣法のデータ①

(2) 1時点前のデータ y_{t-1} と、もう1時点前のデータ y_{t-2} の列を作ります(図6.5)。

	A	B	C	D	E
1	t	年度	y_t	y_{t-1}	y_{t-2}
2	1	2008	48,492		
3	2	2009	42,964	48,492	
4	3	2010	40,776	42,964	48,492
5	4	2011	40,848	40,776	42,964
6	5	2012	42,588	40,848	40,776
7	6	2013		42,588	40,848

図6.5 最近隣法のデータ②

(3) このデータから、予測したい時点 $(t) = 6$(2013年度)の $\{y_{t-2}, y_{t-1}\} = \{y_4, y_5\}$ と、$t = 3, 4, 5$ それぞれの $\{y_{t-2}, y_{t-1}\}$ との「距離」を求めます。この「距離」は次の式で求められます。

$$距離 = \sqrt{(y_4 - y_{t-2})^2 + (y_5 - y_{t-1})^2}$$

これより、$t = 6$ の $\{y_4, y_5\}$ と $t = 3$ の $\{y_1, y_2\}$ との距離は

$$(y_4 - y_1)^2 + (y_5 - y_2)^2 = (40848 - 48492)^2 + (42588 - 42964)^2 \\ = 58572112$$

の平方根をとって、7,653.24 となります。

同様に、$t=6$ の $\{y_4, y_5\}$ と $t=4$ の $\{y_2, y_3\}$、$t=5$ の $\{y_3, y_4\}$ の距離を求めます。
$t=4$ との距離は

$$(y_4 - y_2)^2 + (y_5 - y_3)^2 = (40848 - 42964)^2 + (42588 - 40776)^2$$
$$= 7760800$$

の平方根をとって、2,785.82 となります。
$t=5$ との距離は

$$(y_4 - y_3)^2 + (y_5 - y_4)^2 = (40848 - 40776)^2 + (42588 - 40848)^2$$
$$= 3032784$$

の平方根をとって、1,741.49 となります（図 6.6）。

	A	B	C	D	E	F	G
1	t	年度	y_t	y_{t-1}	y_{t-2}	距離の自乗	距離
2	1	2008	48,492				
3	2	2009	42,964	48,492			
4	3	2010	40,776	42,964	48,492	58,572,112	7653.24
5	4	2011	40,848	40,776	42,964	7,760,800	2785.82
6	5	2012	42,588	40,848	40,776	3,032,784	1741.49
7	6	2013		42,588	40,848		
8							

図 6.6　t = 6 の {y$_{t-2}$, y$_{t-1}$} との距離を算出

図 6.7 は $t=3, 4, 5, 6$ の時点の $\{y_{t-2}, y_{t-1}\}\{y_{t-2}, y_{t-1}\}$ の値を、座標としてプロットしたグラフです。(3) で求めた距離は、図中の矢印で示した点と点の距離を求めています。

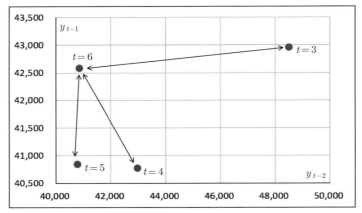

図 6.7　$\{y_{t-2}, y_{t-1}\}$ をプロットしたグラフ

(4) 求めた距離の棒グラフを描き、距離の大きさ（近さ）を確認します。$t=5, 4, 3$ の順に距離が小さく、$t=6$ に近い点であることがわかります（図 6.8）。

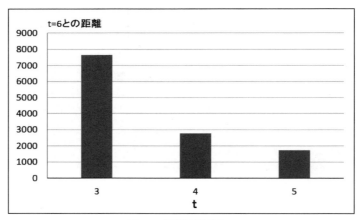

図 6.8　距離の棒グラフ

最近隣法は、この中から距離の短い点を選び、その点のデータを距離の近さに応じて重み付けすることで、予測したい時点のデータを予測します。ここでは、距離の短い 2 点 $t=5$ と $t=4$ のデータから $t=6$ のデータを予測します。

(5) 「距離の近さ」に応じた重み付けの指標として、$t=5, t=4$ との距離の逆数を求めます。逆数は距離を分母にして、分子を 1 にした分数です（図 6.9）。たとえば、$t=5$ との距離の逆数は

$$\frac{1}{1741.49} = 0.000574$$

と求められます。

	A	B	C	D	E	F	G	H
1	t	年度	y_t	y_{t-1}	y_{t-2}	距離の自乗	距離	距離の逆数
2	1	2008	48,492					
3	2	2009	42,964	48,492				
4	3	2010	40,776	42,964	48,492	58,572,112	7653.24	0.000131
5	4	2011	40,848	40,776	42,964	7,760,800	2785.82	0.000359
6	5	2012	42,588	40,848	40,776	3,032,784	1741.49	0.000574
7	6	2013		42,588	40,848			
8								

図 6.9　距離の逆数の算出

(6) 求めた逆数の比率として $t=5$ と $t=4$ のデータに掛ける重みを求めます。一番距離の近かった $t=5$ の重みを ω_1、次に距離の近かった $t=4$ の重みを ω_2 とすると、ω_1 と ω_2 は次のように距離の逆数を分配した比率で求められます（図 6.10）。

$$\omega_1 = \frac{0.000574}{0.000574 + 0.000359} = 0.615337$$

$$\omega_2 = \frac{0.000359}{0.000574 + 0.000359} = 0.384663$$

ω_1 と ω_2 の合計は 1 となります。

	A	B	C	D	E	F	G	H	I
1	t	年度	y_t	y_{t-1}	y_{t-2}	距離の自乗	距離	距離の逆数	重み
2	1	2008	48,492						
3	2	2009	42,964	48,492					
4	3	2010	40,776	42,964	48,492	58,572,112	7653.24	0.000131	
5	4	2011	40,848	40,776	42,964	7,760,800	2785.82	0.000359	0.384663
6	5	2012	42,588	40,848	40,776	3,032,784	1741.49	0.000574	0.615337
7	6	2013		42,588	40,848				
8									

図 6.10　重みの算出

第6章 最近隣法

(7) $t=6$（2013年度）の予測値は、$t=5$ と $t=4$ のデータに重みを掛けた値の合計で求められます。すなわち

$$\begin{aligned}
予測値 &= (t=5\,のデータ) \times \omega_1 + (t=4\,のデータ) \times \omega_2 \\
&= 42588 \times 0.615337 + 40848 \times 0.384663 \\
&= 41918.7\,〔円〕
\end{aligned}$$

と求められます（図6.11）。

	A	B	C	D	E	F	G	H	I	J
1	t	年度	y_t	y_{t-1}	y_{t-2}	距離の自乗	距離	距離の逆数	重み	データ×重み
2	1	2008	48,492							
3	2	2009	42,964	48,492						
4	3	2010	40,776	42,964	48,492	58,572,112	7653.24	0.000131		
5	4	2011	40,848	40,776	42,964	7,760,800	2785.82	0.000359	0.384663	15712.7
6	5	2012	42,588	40,848	40,776	3,032,784	1741.49	0.000574	0.615337	26206.0
7	6	2013	43,824	42,588	40,848				予測値	41918.7
8									相対誤差	4.55%
9										

図6.11 最近隣法の計算シートの完成

実際の2013年度の消費額は、43,824円でした。予測値との相対誤差は4.55%となりました。

$$\begin{aligned}
相対誤差 &= \left| \frac{予測値 - 実際の値}{実際の値} \right| \\
&= \left| \frac{41918.7 - 43824}{43824} \right| \\
&= 4.55\,〔\%〕
\end{aligned}$$

6.3 予測算出における工夫—黄金比の利用—

6.2 節の例では、距離の近い 2 つの点（$t=4, t=5$）を用いて予測値を求めました。

最近隣法では、予測に用いる過去の点がいくつでも予測値を求めることができます。ただし、距離の遠い点を使用しても、重みが小さくなるので予測値を求めるための役には立ちません。どれぐらいの距離までの点を用いればよいでしょうか。

本書では、予測に用いる点までの距離の目安として、一番小さい距離の黄金比（1.62）以内のものを採用することとしています。

> （注）黄金比とは、1 つの線分を 2 つの長さに分けるとき、大きい長さに対する小さい長さの比と、もとの長さと大きい長さの比が等しくなるような比率のこと。この比率は約 1.62 となり、古代ギリシア以来、最も調和的で美しい比率とされている。

6.2 節の例では、距離の最小値が 1,741.49 でしたので、$1741.49 \times$ 黄金比 $1.62 = 2821.21$ より距離が小さい $t=4$ と $t=5$ を選んでいます。

次のデータを予測してみます。

表 6.2 は、国内主要旅行業社の年間取扱額の時系列データです。このデータから最近隣法を用いて 2014 年の取扱額を予測してみます。取扱額を折れ線グラフに描くと図 6.12 のようになります。

表6.2 主要旅行業社の取扱額

（観光庁HP、統計情報・白書より）

年	取扱額〔億円〕
1999	58,439
2000	59,613
2001	56,476
2002	56,077
2003	51,373
2004	55,562
2005	57,414
2006	58,679
2007	68,181
2008	62,395
2009	55,403
2010	59,304
2011	60,490
2012	63,457
2013	64,855
2014	?

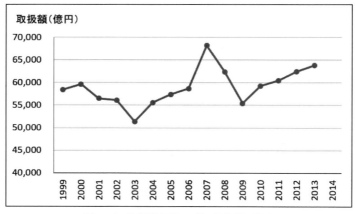

図6.12 旅行業主要50社の取扱額の推移

図6.13のように最近隣法計算シートを作成します。各点との距離をグラフに示すと図6.14のようになります。

6.3 予測算出における工夫―黄金比の利用―

	A	B	C	D	E	F	G	H	I	J
1	t	年度	y_t	y_{t-1}	y_{t-2}	距離の自乗	距離	距離の逆数	重み	データ×重み
2	1	1999	58,439							
3	2	2000	59,613	58,439						
4	3	2001	56,476	59,613	58,439	52,658,888	7256.64	0.000137805		0
5	4	2002	56,077	56,476	59,613	84,983,977	9218.68	0.000108475		0
6	5	2003	51,373	56,077	56,476	125,787,645	11215.51	8.91622E-05		0
7	6	2004	55,562	51,373	56,077	236,228,724	15369.73	6.50629E-05		0
8	7	2005	57,375	55,562	51,373	232,382,905	15244.11	6.55991E-05		0
9	8	2006	58,679	57,375	55,562	118,281,425	10875.73	9.19479E-05		0
10	9	2007	68,181	58,679	57,375	75,133,700	8667.97	0.000115367		0
11	10	2008	62,395	68,181	58,679	33,891,560	5821.65	0.000171773		0
12	11	2009	55,403	62,395	68,181	28,367,776	5326.14	0.000187753		0
13	12	2010	59,304	55,403	62,395	90,468,148	9511.47	0.000105136		0
14	13	2011	60,490	59,304	55,403	95,680,517	9781.64	0.000102232		0
15	14	2012	63,457	60,490	59,304	36,300,634	6025.00	0.000165975		0
16	15	2013	64,855	63,457	60,490	10,757,493	3279.86	0.000304891	1	64855
17	16	2014	64,196	64,855	63,457				予測値	64855.0
18									相対誤差	1.03%

図 6.13 最近隣法計算シート

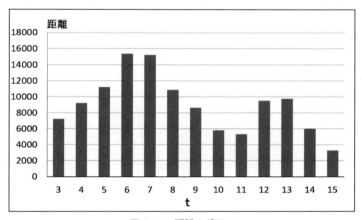

図 6.14 距離のグラフ

距離の最小値は $t=15$ の 3,279.86 です。それに黄金比（1.62）を掛けると、5,313.38 になります。距離がこの 5,313.38 以下のものは、$t=15$ の 1 つだけですので、重みを求めるために距離の逆数を分配する対象が 1 つだけとなります。この結果、$t=15$ に対する $\omega_1=1$ という 1 つの重みが求められるだけとなります。

これより、2014 年の予測値は

$$(t=15 \text{ のデータ}) \times \omega_1 = 64855 \times 1 = 64855 \text{〔億円〕}$$

となります。

実際の 2014 年の取扱額は 64,196 億円でしたので、予測値の相対誤差は

$$\text{相対誤差} = \left| \frac{\text{予測値} - \text{実際の値}}{\text{実際の値}} \right|$$
$$= \left| \frac{64855 - 64196}{64196} \right|$$
$$= 1.03 \, [\%]$$

でした。

黄金比により選択された点は $t=15$ だけでしたが、次に距離の近い $t=11$ も追加した2点で予測値を求めるとどうなるでしょう。

$$t=15 \text{ での重み} \quad \omega_1 = \frac{0.000305}{0.000305 + 0.000188} = 0.618887$$

$$t=11 \text{ での重み} \quad \omega_2 = \frac{0.000188}{0.000305 + 0.000188} = 0.381113$$

となりますので、2014 年の予測値は

$$(t=15 \text{ のデータ}) \times \omega_1 + (t=11 \text{ のデータ}) \times \omega_2$$
$$= 64855 \times 0.618887 + 55403 \times 0.381113 = 61452.7 \, [\text{億円}]$$

と求められます。実際の取扱額 64,196 億円との相対誤差は

$$\text{相対誤差} = \left| \frac{\text{予測値} - \text{実際の値}}{\text{実際の値}} \right|$$
$$= \left| \frac{61452.7 - 64196}{64196} \right|$$
$$= 4.58\%$$

と、$t=15$ のみで予測した場合より少し大きくなってしまいました。

最小1点から最大13点まで、すべてのケースでの予測値と実測値の相対誤差を図 6.15 に示します。$t=15$ の1点のみでの予測の誤差が最小になっていることがわかります。

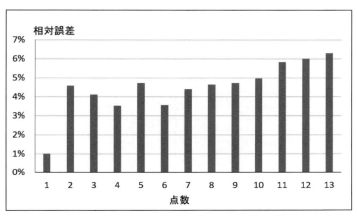

図 6.15　予測に用いる過去のデータ点数と相対誤差

6.4　Excel で作る最近隣法計算シート

　以下に最近隣法の予測に利用した Excel の計算シートの作成手順を記しておきます。

（1）Excel のシートにデータの表を作成します（図 6.16）。

	A	B	C	D
1	t	年度	y_t	
2	1	1999	58,439	
3	2	2000	59,613	
4	3	2001	56,476	
5	4	2002	56,077	
6	5	2003	51,373	
7	6	2004	55,562	
8	7	2005	57375	
9	8	2006	58679	
10	9	2007	68181	
11	10	2008	62395	
12	11	2009	55403	
13	12	2010	59304	
14	13	2011	60490	
15	14	2012	63457	
16	15	2013	64855	
17	16	2014		
18				

図 6.16　データ表の作成

(2) y_{t-1}, y_{t-2} の列を追加して、値を入力します。値は最初（$t=2$ の y_{t-1} と $t=3$ の y_{t-2}）のセルに $t=1$ のデータ y_t のセル（C2）を参照して入力し、下方向のセルへコピーすると簡単に入力できます（図 6.17）。

図 6.17 y_{t-1} と y_{t-2} の列を追加

(3) $t=16$ 時点からの距離と、距離の逆数の列を追加し、値を入力します（図 6.18）。

図 6.18 距離と、距離の逆数の列を追加

6.4 Excelで作る最近隣法計算シート

(4) 重みと、データ×重みの列を追加して、予測値を求めるデータについて計算することで、図6.19の最近隣法計算シートが完成します。

	A	B	C	D	E	F	G	H	I	J
1	t	年度	y_t	y_{t-1}	y_{t-2}	距離の自乗	距離	距離の逆数	重み	データ×重み
2	1	1999	58,439							
3	2	2000	59,613	58,439						
4	3	2001	56,476	59,613	58,439	52,658,888	7256.64	0.000137805		0
5	4	2002	56,077	56,476	59,613	84,983,977	9218.68	0.000108475		0
6	5	2003	51,373	56,077	56,476	125,787,645	11215.51	8.91622E-05		0
7	6	2004	55,562	51,373	56,077	236,228,724	15369.73	6.50629E-05		0
8	7	2005	57375	55,562	51,373	232,382,905	15244.11	6.55991E-05		0
9	8	2006	58679	57,375	55,562	118,281,425	10875.73	9.19479E-05		0
10	9	2007	68181	58,679	57,375	75,133,700	8667.97	0.000115367		0
11	10	2008	62395	68,181	58,679	33,891,560	5821.65	0.000171773		0
12	11	2009	55403	62,395	68,181	28,367,776	5326.14	0.000187753		0
13	12	2010	59304	55,403	62,395	90,468,148	9511.47	0.000105136		0
14	13	2011	60490	59,304	55,403	95,680,517	9781.64	0.000102232		0
15	14	2012	63457	60,490	59,304	36,300,634	6025.00	0.000165975		0
16	15	2013	64855	63,457	60,490	10,757,493	3279.86	0.000304891	1	64855
17	16	2014		64,855	63,457					
18									予測値	64855.0

図6.19 最近隣法計算シート

(5) ここでちょっと工夫して、黄金比で求めた距離の限界値以下の行だけを計算して予測値を計算するようにしてみます。図6.20のように、距離の限界値を求めるセルを追加し、距離が限界値以下の行だけ距離の逆数が計算されるようにすると、自動的に距離の限界値以下のデータだけで予測値を求めることができます。

	A	B	C	D	E	F	G	H	I	J
1	t	年度	y_t	y_{t-1}	y_{t-2}			逆数	重み	データ×重み
2	1	1999	58,439			=IF(G4<$G$21,1/G4,0)				
3	2	2000	59,613	58,439						
4	3	2001	56,476	59,613	58,439	52,658,888	7256.64	0	0	0
5	4	2002	56,077	56,476	59,613	84,983,977	9218.68	0	0	0
6	5	2003	51,373	56,077	56,476	125,787,645	1121	=H4/$H$21	=C4*I4	0
7	6	2004	55,562	51,373	56,077	236,228,724	1536			0
8	7	2005	57375	55,562	51,373	232,382,905	15244.11			0
9	8	2006	58679	57,375	55,562	118,281,425	10875.73	以下、下方向へコピー		0
10	9	2007	68181	58,679	57,375	75,133,700	8667.97	0	0	0
11	10	2008	62395	68,181	58,679	33,891,560	5821.65	0	0	0
12	11	2009	55403	62,395	68,181	28,367,776	5326.14	0	0	0
13	12	2010	59304	55,403	62,395	90,468,148	9511.47	0	0	0
14	13	2011	60490	59,304	55,403	95,680,517	9781.64	0	0	0
15	14	2012	63457	60,490	59,304	36,300,634	6025.00	0	0	0
16	15	2013	64855	63,457	60,490	10,757,493	3279.86	0.000304891	1	64855
17	16	2014		64,855	63,457	=MIN(G4:G16)				
18									予測値	64855.0
19										
20						最小の距離	3279.86	距離の逆数和		
21						↑×黄金比	5313.38	0.000304891		

=1.62*G20   =SUM(H4:H16)

図6.20 距離の限界値以下のデータだけで予測値を求める

第6章 最近隣法

6.5 最近隣法が適応しにくいケース

表 6.3 は、ある小売業の部門売上額の時系列データで、図 6.21 はそのグラフです。このデータから 13 年目の売上額を最近隣法で予測してみます。

表 6.3　部門売上額〔万円〕

経過年	売上額
1	1,881
2	2,392
3	3,256
4	4,169
5	4,787
6	5,312
7	5,869
8	6,356
9	6,183
10	6,752
11	7,060
12	7,367
13	?

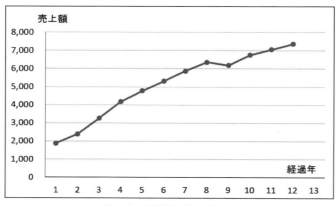

図 6.21　部門売上額のグラフ

最近隣法による予測の結果は、図 6.22 のようになります。予測値は 7,367 万円となり、実際の売上額 8,313 万円との相対誤差は 11.38% と大きくなっています。

$$\text{相対誤差} = \left| \frac{\text{予測値} - \text{実際の値}}{\text{実際の値}} \right|$$

$$= \left| \frac{7367 - 8313}{8313} \right|$$

$$= 11.38 \ [\%]$$

	A	B	C	D	E	F	G	H	I	J
1	t	経過年	売上額	y_{t-1}	y_{t-2}	距離の自乗	距離	距離の逆数	重み	データ×重み
2	1	1	1,881							
3	2	2	2,392	1,881						
4	3	3	3,256	2,392	1,881	51,567,487	7181.05	0	0	0
5	4	4	4,169	3,256	2,392	38,685,877	6219.80	0	0	0
6	5	5	4,787	4,169	3,256	24,693,816	4969.29	0	0	0
7	6	6	5,312	4,787	4,169	15,011,390	3874.45	0	0	0
8	7	7	5869	5,312	4,787	9,387,281	3063.87	0	0	0
9	8	8	6356	5,869	5,312	5,297,760	2301.69	0	0	0
10	9	9	6183	6,356	5,869	2,439,411	1561.86	0	0	0
11	10	10	6752	6,183	6,356	1,896,768	1377.23	0	0	0
12	11	11	7059.5	6,752	6,183	1,146,477	1070.74	0	0	0
13	12	12	7367	7,060	6,752	189,113	434.87	0.002299534	1	7367
14	13	13	8313	7,367	7,060					
15									予測値	7367.0
16										
17						最小の距離	434.87	距離の逆数和		相対誤差
18						↑×黄金比	704.49	0.002299534		11.36%
19										

図 6.22 最近隣法による計算シート

一方、12 年目までのデータから求められる単回帰式（図 6.23）で、13 年目の売上額を予測してみると

$$\text{予測値} = 497.06 \times 13 + 1884.4$$
$$= 8346.18 \ [\text{万円}]$$

と求められます。実際の売上額 8,313 万円との相対誤差は 0.4% となり、最近隣法より正確な予測となっています。

$$\text{相対誤差} = \left| \frac{\text{予測値} - \text{実際の値}}{\text{実際の値}} \right|$$

$$= \left| \frac{8346.18 - 8313}{8313} \right|$$

$$= 0.4 \ [\%]$$

最近隣法は過去のデータの範囲内で予測を実行するので、予測値が過去のデータの最大値より大きくならず、最小値より小さくならないという特徴があり

第 6 章　最近隣法

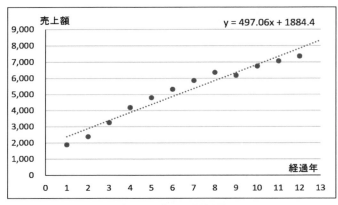

図 6.23　単回帰分析結果

ます。したがって、この例のように上昇や下降の傾向が明らかなデータについては、最近隣法は適用しにくいといえます。

まとめ

- 最近隣法は、規則性が見られないデータから、なんらかの秩序にしたがった規則性を見つけるのに非常に有効な方法の 1 つで、時系列分析に適用することができます。
- 最近隣法では、予測値に至る傾向と似た傾向を持つ過去のデータを、直前のデータからの距離が近いものとして特定し、距離に応じた重み付けによって予測値を求めます。
- 最近隣法は、過去のデータの範囲内で予測を実行するという特徴があります。上昇や下降の傾向が明らかなデータは、最近隣法が適用しにくいデータとなります。

▶ 参考文献

- 『カオス的市場の販売予測』大石展緒・二宮政彦 共著、共立出版
- 『データマイニング実践集』上田太一郎 著、共立出版
- 「総務省統計局 HP―家計調査」
  http://www.stat.go.jp/data/kakei/2.htm
- 「観光庁統計情報・白書―旅行業者取扱額」
  http://www.mlit.go.jp/kankocho/siryou/toukei/ toriatsukai.html

7.1 灰色理論とは

灰色理論とは中国の鄧聚龍教授が 1982 年に提唱した手法で、**グレイモデル**とも呼ばれています。

灰色理論では複雑なシステムの状態を、明白になっている「白色」、まったく不明な「黒色」の間のあいまいな状態「灰色」としてとらえます。

例えば、人の身長、体重、血圧などは、数値によって完全に把握できるので「白色」の情報ですが、人体に関する生物物理学的な機能、生物化学的な性質、体内の情報ネットワーク構成や各器官の効能については未知の「黒色」の部分があるので、人体が 1 つのシステムとして機能した結果は、あいまいな「灰色」の情報で表されていると考えられます。

灰色理論は、このような灰色の状態をモデル化し、少ない情報からでもシステムの状態を予測しようとする手法です。灰色理論による予測を**灰色予測**といいます。

灰色予測は、大別して以下の 5 種類に分けられます。

(1) 数列予測
　　一連の数値の大小の変化を予測します。

(2) 災害予測

   災害のような、ある限界値を超える異常が、いつまた現れるのかを予測します。

(3) 季節災害予測

   1年のある特定の時期に発生する変化を予測します。

(4) 位相予測

   一定の期間のデータの波形が、次にどのような波形に変化するかを予測します。

(5) システム総合予測

   システムを構成する各要素同士の動的な関係から、システム全体の変化や反応を予測します。

この中で、時系列データの予測に適用するのは、(1) の数列予測になります。

灰色理論による予測は、少ないデータからでも精度の高い予測が可能なことで注目されています。大規模なデータによる統計的予測や、複雑な数学モデルを構築しなくても、少量の離散的なデータから、大規模なシステムの結果を予測することができます。

灰色理論の予測モデルは、次の式で表される一階の微分方程式のモデルです。これをグレイモデルの頭文字から **GM モデル**と呼びます。

$$\frac{dx}{dt} + ax = u$$

この一階の微分方程式を、時系列データのように離散化したデータに適用すると、次の一般解が得られます。ここで、x は時系列データの累積値のデータで、t はその時点を示します。e は自然対数の底で約 2.718 の値の数値です。

$$\begin{aligned} x(t+1) &= \left(x(1) - \frac{u}{a}\right)e^{-at} + \frac{u}{a} \\ &= Pe^{Qt} + R \end{aligned}$$

ここで、$P = x(1) - \frac{u}{a}, Q = -a, R = \frac{u}{a}$

この式が灰色理論の予測式となります。灰色予測では $x(1), x(2), \cdots, x(t)$ のデータからパラメーター a と u を求めて $x(t+1)$ を求めます。

パラメーター a と u を求めるには、時系列データの累積値 x から次の式で求められる X が

$$X(t) = -\frac{(x(t) + x(t-1))}{2}$$

時系列データ y と次のような一次式の関係があることを利用して、最小二乗法（単回帰分析）を利用します。

$$y(t) = aX(t) + u$$

本書では、このような数学の知識がなくても Excel を利用して簡単に灰色予測が実現できることを説明します（灰色理論の詳細や数学的な説明については、章末の参考文献を参照してください）。

7.2 実際のデータを Excel で予測する

本節では、実際の時系列データから Excel を利用して、モデル式のパラメーター a と u を求め、灰色理論による予測値を求める手順を説明します。

表 7.1 は、ある新商品の発売開始から 6 ヶ月間の販売点数を時系列に示したもので、図 7.1 はそのデータをグラフに示したものです。このデータから 7 ヶ月目の販売点数を灰色理論で予測します。

表 7.1 新商品の販売点数

月数 t	販売点数 y
1	11,104
2	9,739
3	10,379
4	10,127
5	9,583
6	9,387
7	?

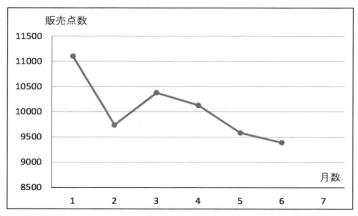

図 7.1　新商品の販売点数のグラフ

（1）まず、販売点数のデータの累積値を求めます（図 7.2）。

$t=1$ の累積値は、($t=1$ のデータ) = 11104

$t=2$ の累積値は、($t=1$ と $t=2$ のデータの合計) = 11104 + 9739 = 20843

$t=3$ の累積値は、

　　($t=2$ の累積値と $t=3$ のデータの合計) = 20843 + 10379 = 31222

のように求められます。

	A	B	C	D
1	月数t	販売点数y	累積値x	
2	1	11104	11104	
3	2	9739	20843	
4	3	10379	=C3+B4	31222
5	4	10127	41349	
6	5	9583	50932	
7	6	9387	60319	
8	7			
9				

図 7.2　データの累積値

（2）灰色予測に利用する X の値を求めます。X の値は累積値と 1 つ前の時点の累積値の平均値に「−」を付けた値として求められます（図 7.3）。

7.2 実際のデータを Excel で予測する

図 7.3 X の算出

(3) $t=2$ 以降の販売点数のデータ y を目的変数とし、X を説明変数とした回帰分析を実施します。単回帰分析を実施して $y = aX + u$ の回帰式を求めればよいので、散布図を描くだけでも求められますが、できるだけ精度の高い数値を求めるため、ここでは Excel の分析ツールを利用します。[データ] タブの [データ分析] ボタンをクリックし、表示される [データ分析]（分析ツール）ウィンドウで [回帰分析] を選択して [OK] ボタンをクリックします。

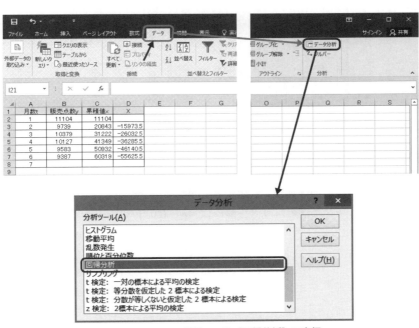

図 7.4 Excel の分析ツール [回帰分析] の実行

(4) [回帰分析] ウィンドウで、[入力Y範囲] に $t = 2$ 以降の販売点数のデータ y のセル範囲を指定し、[入力X範囲] に X の値のセル範囲を指定して、[OK] ボタンをクリックします（図7.5）。

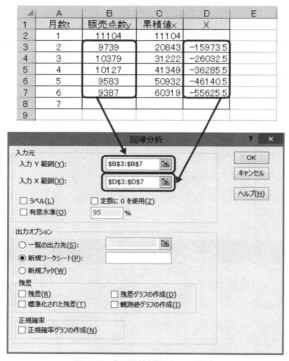

図 7.5　[回帰分析] ウィンドウ

(5) 図 7.6 のような回帰分析結果が表示されます。左下の「X 値 1」の係数と「切片」の係数が、灰色予測のパラメーター a と u の値です。これより、灰色予測のパラメーターは、$a = 0.014937$, $u = 10380.89$ と求められました。

7.2 実際のデータを Excel で予測する

概要

回帰統計	
重相関 R	0.580556
重決定 R2	0.337046
補正 R2	0.116061
標準誤差	380.2515
観測数	5

分散分析表

	自由度	変動	分散	測された分散	有意 F
回帰	1	220530.4	220530.4	1.525199	0.30474
残差	3	433773.6	144591.2		
合計	4	654304			

	係数	標準誤差	t	P-値	下限 95%	上限 95%	下限 95.0%	上限 95.0%
切片	10380.89	467.5607	22.20222	0.0002	8892.9	11868.87	8892.9	11868.87
X 値 1	0.014937	0.012094	1.23499	0.30474	-0.02355	0.053426	-0.02355	0.053426

(u は係数10380.89を指し、a は0.014937を指す)

図 7.6　回帰分析結果

(6) この結果、灰色予測の予測式の P, Q, R の値が次のように求められます。

$$P = x(1) - \frac{u}{a} = 11104 - \frac{10380.39}{0.014937} = -683896$$

$$Q = -a = -0.014937$$

$$R = \frac{u}{a} = \frac{10380.39}{0.014937} = 694999.9$$

予測式は

$$\begin{aligned} x(t+1) &= Pe^{Qt} + R \\ &= -683896 e^{-0.014937t} + 694999.9 \end{aligned}$$

となります。この予測式で求められるのは「累積値」です。各時点の予測累積値を Excel のシート上で求めると図 7.7 のようになります（Excel で e の累乗を求めるには、EXP 関数を利用します）。

第7章 灰色理論

	A	B	C	D	E	F
1	月数t	販売点数y	累積値x	X	予測累積値	
2	1	11104	11104			
3	2	9739	20843	-15973.5	21243.12	
4	3	10379	31222	-26032.5	31231.93	
5	4	10127	41349	-36285.5	41072.64	
6	5	9583	50932	-46140.5	50767.46	
7	6	9387	60319	-55625.5	60318.55	
8	7				69728.04	
9						

図 7.7 予測累積値

隣り合う予測累積値の差をとって、各時点の予測値が求められます（図7.8）。7ヶ月目の予測値 $y(7)$ は、$t=7$ の予測累積値から $t=6$ の予測累積値を引いて

$$y(7) = 69728.04 - 60318.55 = 9409.49$$

と求められます。

	A	B	C	D	E	F	G
1	月数t	販売点数y	累積値x	X	予測累積値	予測値	
2	1	11104	11104				
3	2	9739	20843	-15973.5	21243.12		
4	3	10379	31222	-26032.5	31231.93	9988.804	
5	4	10127	41349	-36285.5	41072.64	9840.714	
6	5	9583	50932	-46140.5	50767.46	9694.82	
7	6	9387	60319	-55625.5	60318.55	9551.09	
8	7	9404			69728.04	9409.49	
9							

図 7.8 各時点の予測値

7ヶ月目の実際の販売点数は 9,404 でした。予測値の相対誤差は 0.06% となり、とても高い精度で予測できていることがわかります。

$$\begin{aligned}
相対誤差 &= \left| \frac{予測値 - 実際の値}{実際の値} \right| \\
&= \left| \frac{9409.49 - 9404}{9404} \right| \\
&= 0.06 \ [\%]
\end{aligned}$$

実際の販売点数と予測値のグラフを図 7.9 に示します。

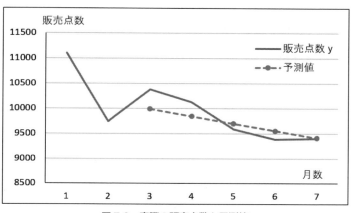

図 7.9　実際の販売点数と予測値

手順（3）で回帰分析を実施する際に、分析ツールを利用しないで、$t=2$ 以降の販売点数のデータ y と X の散布図を描いて回帰式を求めると、図 7.10 のようになります。

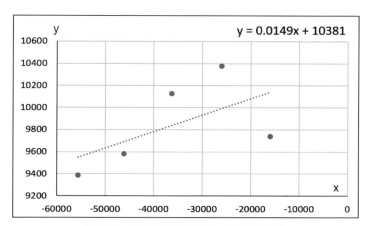

図 7.10　販売点数のデータ y と X の散布図

これより、灰色予測のパラメーターは、$a=0.0149$, $u=10381$ と、少し桁数の少ない数値で求められます。実用として問題のない精度ですが、高精度な数値を求めるには分析ツールを利用する方が適しています。

7.3 行列計算によって回帰分析を実施する方法

7.2 節では、分析ツールの回帰分析を利用するか、散布図から回帰式を求めて灰色予測のパラメーター a と u を求めましたが、章末に示した参考文献では、灰色予測のパラメーターを求める方法として、行列を用いて回帰分析を実施する方法が利用されています。

これは、時点 t での販売点数のデータ $y(t)$ と、累積値 $x(t)$ を次のような行列で表したとき

$$Y = \begin{bmatrix} y(2) \\ y(3) \\ y(4) \\ y(5) \\ y(6) \end{bmatrix}, \quad B = \begin{bmatrix} -(x(1)+x(2))/2 & 1 \\ -(x(2)+x(3))/2 & 1 \\ -(x(3)+x(4))/2 & 1 \\ -(x(4)+x(5))/2 & 1 \\ -(x(5)+x(6))/2 & 1 \end{bmatrix} = \begin{bmatrix} X(2) & 1 \\ X(3) & 1 \\ X(4) & 1 \\ X(5) & 1 \\ X(6) & 1 \end{bmatrix}$$

灰色予測のパラメーター a と u を成分とした行列

$$A = \begin{bmatrix} a \\ u \end{bmatrix}$$

との関係が

$$Y = BA$$

となることから、この式に最小二乗法を適用して

$$A = (B^{\mathrm{T}} B)^{-1} B^{\mathrm{T}} Y$$

の式で、灰色予測のパラメーターを求める手順です。ここで、記号の T はその行列の行と列を入れ替えた転置行列を示し、添字の -1 はその行列の逆行列を示します。

この方法は Excel でも簡単に実施できますので、参考として次のように手順を示しておきます。

(1) 図 7.3 で X の値を求めたところで、図 7.11 のように行列 B, B^{T}, Y を作

成します。行列 B^T は行列 B の行と列を入れ替えた行列です。

	A	B	C	D	E	F	G
1	月数t	販売点数y	累積値x	X			
2	1	11104	11104				
3	2	9739	20843	-15973.5			
4	3	10379	31222	-26032.5			
5	4	10127	41349	-36285.5			
6	5	9583	50932	-46140.5			
7	6	9387	60319	-55625.5			
8	7						
9							
10							
11	行列B	-15973.5	1				
12		-26032.5	1				
13		-36285.5	1				
14		-46140.5	1				
15		-55625.5	1				
16							
17	行列B^T	-15973.5	-26032.5	-36285.5	-46140.5	-55625.5	
18		1	1	1	1	1	
19							
20	行列Y	9739					
21		10379					
22		10127					
23		9583					
24		9387					
25							

図 7.11 行列 B, B^T, Y を作成

(2) 行列 B^T と行列 B を掛けて、行列 $B^T B$ を求めます。行列の掛け算には MMULT 関数を利用します（図 7.12）。

	A	B	C	D	E	F	G
10							
11	行列B	-15973.5	1				
12		-26032.5	1				
13		-36285.5	1				
14		-46140.5	1				
15		-55625.5	1				
16							
17	行列B^T	-15973.5	-26032.5	-36285.5	-46140.5	-55625.5	
18		1	1	1	1	1	
19							
20	行列Y	9739					
21		10379					
22		10127					
23		9583					
24		9387					
25							
26	行列A=$(B^T B)^{-1} B^T Y$						
27							
28			$B^T B=$	=mmult(B17:F18,B11:C15)			
29							
30							

図 7.12 行列 $B^T B$ を求める

MMULT 関数は「配列関数」なので、計算結果が複数のセルにわたります。計算結果を表示するには、結果が表示されるべきセル範囲（C28：D29）を選択して、[F2] キーを押してセルを編集できる状態としてから、[Ctrl] + [Shift] + [Enter] キーを押します（図 7.13）。

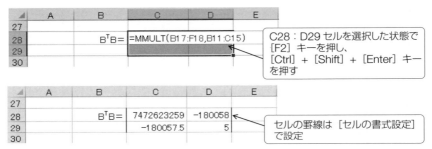

図 7.13　MMULT 関数の出力

(3) 行列 $B^{\mathrm{T}}B$ の逆行列 $(B^{\mathrm{T}}B)^{-1}$ を求めます。逆行列は MINVERSE 関数で求めます（図 7.14）。

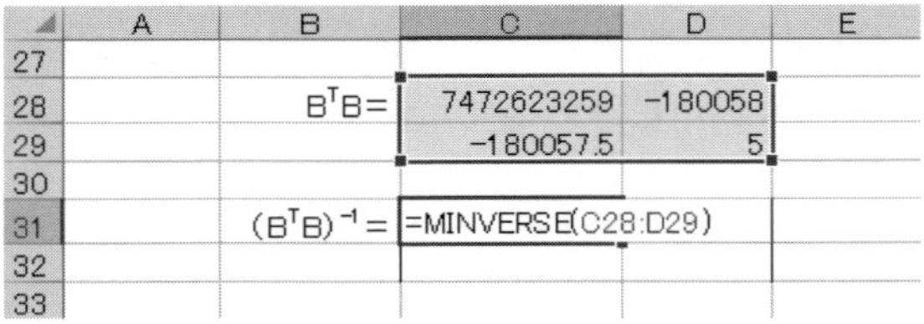

図 7.14　逆行列 $(B^{\mathrm{T}}B)^{-1}$ を求める

MINVERSE 関数も配列関数なので、計算結果を表示するには、結果が表示されるべきセル範囲（C31：D32）を選択して、[F2] キーを押してから、[Ctrl] + [Shift] + [Enter] キーを押します（図 7.15）。

7.3 行列計算によって回帰分析を実施する方法

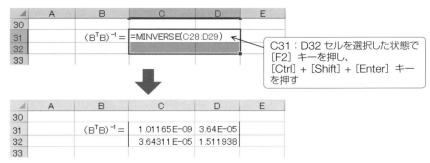

図 7.15 MINVERSE 関数の出力

(4) MMULT 関数を利用して逆行列 $(B^TB)^{-1}$ と行列 B^T を掛けて、行列 $(B^TB)^{-1}B^T$ を求めます（図 7.16）。

	A	B	C	D	E	F	G	H
16								
17	行列B^T		−15973.5	−26032.5	−36285.5	−46140.5	−55625.5	
18			1	1	1	1	1	
19								
20	行列Y		9739					
21			10379					
22			10127					
23			9583					
24			9387					
25								
26	行列A=$(B^TB)^{-1}B^TY$							
27								
28		$B^TB=$	7472623259	−180058				
29			−180057.5	5				
30								
31		$(B^TB)^{-1}=$	1.01165E-09	3.64E-05				
32			3.64311E-05	1.511938				
33								
34		$(B^TB)^{-1}B^T=$	=MMULT(C31:D32,B17:F18)			−1E-05	−2E-05	
35			0.930006212	0.563546	0.190018	−0.16901	−0.51456	
36								

図 7.16 行列 $(B^TB)^{-1}B^T$ を求める

(5) 行列 $(B^{\mathrm{T}}B)^{-1}B^{\mathrm{T}}$ と行列 Y を掛けると、行列 A が求められます（図7.17）。

	A	B	C	D	E	F	G	H
19								
20	行列Y	9739						
21		10379						
22		10127						
23		9583						
24		9387						
25								
26	行列A=$(B^{\mathrm{T}}B)^{-1}B^{\mathrm{T}}Y$							
27								
28		$B^{\mathrm{T}}B=$	7472623259	-180058				
29			-180057.5	5				
30								
31		$(B^{\mathrm{T}}B)^{-1}=$	1.01165E-09	3.64E-05				
32			3.64311E-05	1.511938				
33								
34		$(B^{\mathrm{T}}B)^{-1}B^{\mathrm{T}}=$	2.02715E-05	1.01E-05	-2.8E-07	-1E-05	-2E-05	
35			0.930006212	0.563546	0.190018	-0.16901	-0.51456	
36								
37		A=$(B^{\mathrm{T}}B)^{-1}B^{\mathrm{T}}Y=$	=MMULT(C34:G35,B20:B24)					
38			10380.88685					
39								

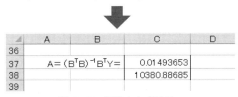

	A	B	C	D
36				
37		A=$(B^{\mathrm{T}}B)^{-1}B^{\mathrm{T}}Y=$	0.01493653	
38			10380.88685	
39				

図 7.17　行列 A を求める

行列 A の成分が、灰色予測のパラメーター a と u の値です。これより、灰色予測のパラメーターは、$a = 0.01493653$, $u = 10380.88685$ と求められました。図7.6 の結果と比べると表示の桁数が多くなっていますが、この値は分析ツールと同じ精度で求められています。

7.4 灰色理論が適応しにくいケース

灰色理論を用いた予測が適応しにくい事例を紹介します。

表7.2のように、月の経過による販売点数のデータが1から6までの連続した数字だったとします。このとき7ヶ月目の予測値は「7」になると考えるのが普通ですが、灰色予測では図7.18のような結果になります。

表7.2 販売点数データ

月数 t	販売点数 y
1	1
2	2
3	3
4	4
5	5
6	6
7	?

	A	B	C	D	E	F	G
1	月数t	販売点数y	累積値x	X	予測累積値	予測値	
2	1	1	1				
3	2	2	3	-2	3.314387		
4	3	3	6	-4.5	6.270257	2.9559	
5	4	4	10	-8	10.045412	3.7752	
6	5	5	15	-12.5	14.866934	4.8215	
7	6	6	21	-18	21.024848	6.1579	
8	7	7			28.889564	7.8647	
9							

図7.18 灰色予測による結果

$t=7$ での予測値は 7.8647 となり、実測値を7とすると、その相対誤差は 12% 以上にもなってしまいました。

$$相対誤差 = \left| \frac{予測値 - 実際の値}{実際の値} \right|$$
$$= \left| \frac{7.8647 - 7}{7} \right|$$
$$= 12.35 \, [\%]$$

第7章　灰色理論

　灰色予測は複雑なシステムの結果の予測には適していますが、このような単純な規則性のあるデータについて予測を行うと、予測値が「過剰に」反応してしまい、規則的に導かれる値から外れた値となってしまう特徴があります。規則的なデータや、強い相関のあるデータについては、灰色理論でなく単回帰分析など、その規則性にしたがった予測法を選択する方がよいようです。

まとめ

- 灰色理論では、情報をあいまいな状態（灰色）ととらえてデータを予測します。時系列データの予測には、灰色予測の中の数列予測を適用します。
- 灰色理論による予測は、少ないデータからでも精度の高い予測ができるという特徴があります。
- 灰色予測のパラメーター a と u を求めるには、最小二乗法（単回帰分析）を利用します。
- 灰色予測は、単純な規則性のあるデータや、強い相関のあるデータの予測には適していません。このようなデータにはその規則性にしたがった予測法が適しています。

▶ 参考文献

- 『灰色理論による予測と意思決定』鄧聚龍 著、趙君明・北岡正敏 共訳、日本理工出版会
- 『わかる灰色理論と工学応用方法』永井正武・山口大輔 共著、共立出版

第2部 具体的データによる予測事例

- 第8章　単回帰分析による予測
- 第9章　重回帰分析による予測
- 第10章　成長曲線による予測
- 第11章　最近隣法による予測
- 第12章　灰色理論による予測
- 第13章　予測精度を上げるために

第8章 単回帰分析による予測

本章では、まず8.1節で単回帰分析による時系列予測の方法を整理し、8.2節で単回帰分析による時系列予測事例を紹介します。

8.1 手法の整理

単回帰分析の実施方法として、第2章ではExcelの散布図から単回帰式を求める方法を紹介しました。第4章ではソルバーを利用して回帰式を求める方法も示しました。また、第7章では灰色理論の計算過程で $y = aX + u$ の単回帰式を求めるために、Excelの分析ツールを利用する方法と、行列の計算によって求める方法を紹介しました。

これらを含めて、Excelには次のような単回帰分析を実施する方法があります。

(1) Excelの散布図から近似直線と共に単回帰式を求める（8.1.1項）
(2) Excelの分析ツールの「回帰分析」を利用する（8.1.2項）
(3) Excelの回帰分析関数を利用する（8.1.3項）
(4) Excelの計算シートを作成する（8.1.4項）
(5) Excelのソルバーで単回帰式を求める［4.2節参照］

(6) Excel の行列関数を利用して行列計算を実施する［7.3 節参照］

本節では（ ）で示した各項で、単回帰分析を実施する手順を説明します。
また単回帰分析を利用して、次の近似を実施するには変数変換が必要となります。

- 対数近似
- べき乗近似（累乗近似）
- 指数近似

8.1.5 項では、この変数変換の方法について整理して示しておきます。

8.1.1　Excel の散布図から近似直線と共に単回帰式を求める

最も手軽に単回帰式を求める方法です。第 2 章でも説明しましたが、ここでは表 8.1 のデータを使って説明します。

表 8.1 は、世界全体での二酸化炭素排出量の推移です。このデータから散布図で近似曲線と共に単回帰式を求めて、2014 年の排出量を予測します。

表 8.1　世界の二酸化炭素排出量

（総務省統計局 HP―世界の統計 2016 より）

年	二酸化炭素の排出量〔100 万 t〕
1985	18,319
1990	20,623
1995	21,478
2000	23,322
2005	27,048
2010	29,838
2013	32,190
2014	?

8.1 手法の整理

(1) まず、表 8.1 のデータで散布図を描きます。(図 8.1)。

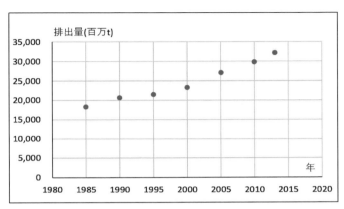

図 8.1　散布図

(2) 次に、散布図のいずれかのプロット（データの点）を右クリックして、表示されるメニューで［近似曲線の追加］をクリックします（図 8.2）。

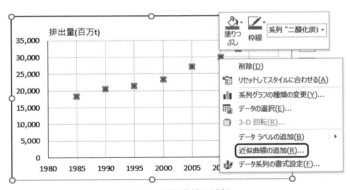

図 8.2　近似曲線の追加

(3) シート右側に表示される［近似曲線の書式設定］ウィンドウで、［線形近似］にチェックが入っていることを確認し、［グラフに数式を表示する］と［グラフに R-2 乗値を表示する］をチェックします（図 8.3）。

第 8 章　単回帰分析による予測

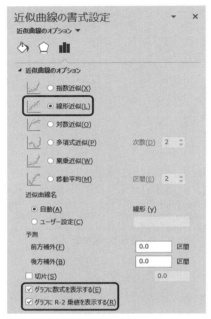

図 8.3　［近似曲線の書式設定］ウィンドウ

（4）図 8.4 のように散布図上に回帰直線が描かれ、単回帰式と相関係数の二乗の値である R^2 が表示されます。

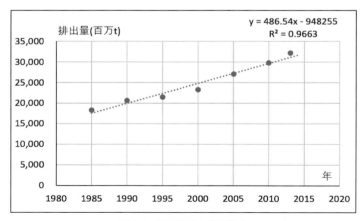

図 8.4　回帰直線と単回帰式

図 8.4 で、単回帰式は

$$y = 486.54x - 948255$$

と求められました。R^2 が 1 に近い値となっていることから、この近似がよい近似であることがわかります。

この式の x に年数を代入すると、その年の二酸化炭素の排出量を予測できます。2014 年の排出量の予測値は $x = 2014$ を代入して

$$y = 486.54 \times 2014 - 948255 = 31637 \ \text{〔百万 t〕}$$

と求められます。IEA（International Energy Agency）発表の 2014 年の排出量は 32,300 百万 t だったので、予測値の相対誤差は 2.05% でした。よく予測できているといえるでしょう。

$$\begin{aligned}
\text{相対誤差} &= \left| \frac{\text{予測値} - \text{実際の値}}{\text{実際の値}} \right| \\
&= \left| \frac{31367 - 32300}{32300} \right| \\
&= 2.05\%
\end{aligned}$$

8.1.2　Excel の分析ツールの「回帰分析」を利用する

Excel の分析ツールの「回帰分析」を利用すると、次のように表 8.1 のデータから単回帰式が求められます。

(1) ［データ］タブの［データ分析］ボタンをクリックし、［データ分析］（分析ツール）ウィンドウで［回帰分析］を選択して［OK］ボタンをクリックします（図 8.5）。

第8章 単回帰分析による予測

図 8.5 Excel の分析ツール［回帰分析］の実行

(2) ［回帰分析］ウィンドウで、［入力 Y 範囲］に排出量のセル範囲を指定し、［入力 X 範囲］に年のセル範囲を指定して、［ラベル］にチェックを入れて［OK］ボタンをクリックします（図 8.6）。

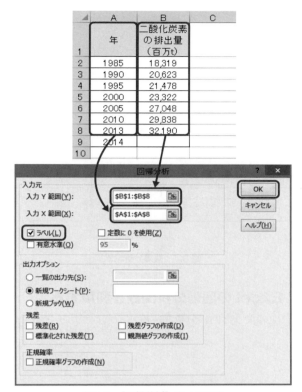

図 8.6 [回帰分析] ウィンドウ

(3) 図 8.7 のような回帰分析結果が表示されます。左下の「切片」と「年」の係数が、単回帰式 $y = a + bx$ の a と b の値です。これにより、単回帰式は

$$y = 486.5411x - 948255$$

と求められます。散布図で求めた単回帰式に比べて a の値の表示桁数が多くなっているので、この式で求める 2014 年の予測値

$$y = 486.5411 \times 2014 - 948255 = 31639 \quad 〔百万 t〕$$

は、散布図から求めた予測値 31,637 百万 t より、高精度であるといえます。

第 8 章　単回帰分析による予測

概要

回帰統計	
重相関 R	0.983009
重決定 R2	0.966307
補正 R2	0.959568
標準誤差	1030.619
観測数	7

分散分析表

	自由度	変動	分散	観測された分散比	有意 F
回帰	1	1.52E+08	1.52E+08	143.3979	7.16E-05
残差	5	5310882	1062176		
合計	6	1.58E+08			

	係数	標準誤差	t	P-値	下限 95%	上限 95%	下限 95.0%	上限 95.0%
切片 ← a	-948255	81249.58	-11.6709	8.11E-05	-1157114	-739396	-1157114	-739396
年 ← b	486.5411	40.63013	11.97489	7.16E-05	382.0981	590.9842	382.0981	590.9842

図 8.7　回帰分析結果

■ 8.1.3　Excel の回帰分析関数を利用する

Excel には、次のような回帰分析を実施する関数が用意されています。

- LINEST
- FORECAST
- TREND

これらの関数を利用すると、効率的に回帰分析の結果が得られます。

■ LINEST 関数

LINEST 関数は、回帰分析結果を数値として出力する関数です。

図 8.8 のように、セルに

　　= LINEST（[データ y のセル範囲], [データ x のセル範囲], 1）

と入力すると、そのセルに単回帰式 $y = a + bx$ の b の値 486.5411 が表示されます。

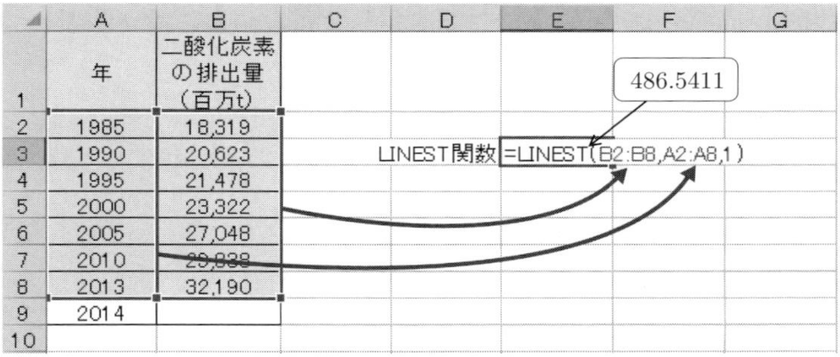

8.1 手法の整理

図 8.8 LINEST 関数の入力

LINEST 関数は「配列関数」で、内部的に a の値も計算されています。a の値を表示するには、結果が表示されるべきセル範囲（E3：F3）を選択して、[F2] キーを押してセルを編集できる状態としてから、[Ctrl] + [Shift] + [Enter] キーを押します（図 8.9）。

図 8.9 LINEST 関数の表示

これで、a の値 −948255 が求められましたので、単回帰式は

$$y = 486.5411x - 948255$$

と求められます。

■ FORECAST 関数、TREND 関数

FORECAST 関数と TREND 関数は、回帰分析を内部的に実行して、指定された x の値に対する y の予測値を計算します。

図 8.10、図 8.11 のように、セルに

第 8 章　単回帰分析による予測

　　=FORECAST（[xの値]，[データyのセル範囲]，[データxのセル範囲]）

または

　　=TREND（[データyのセル範囲]，[データxのセル範囲]，[xの値]，1）

と入力すると、単回帰分析を内部的に実施して、入力した[xの値]に対する予測値が計算されます。

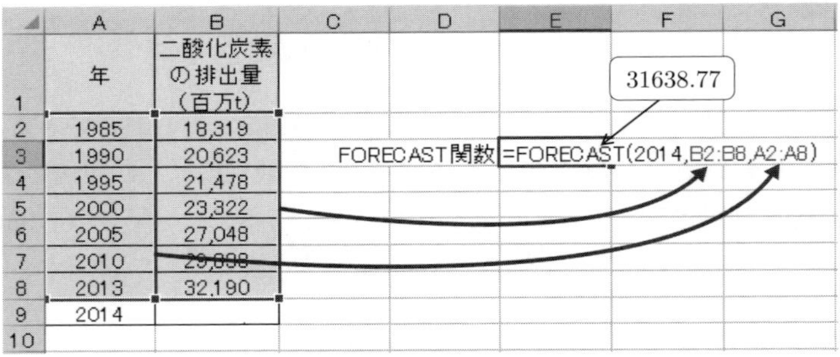

図 8.10　FORECAST 関数の入力

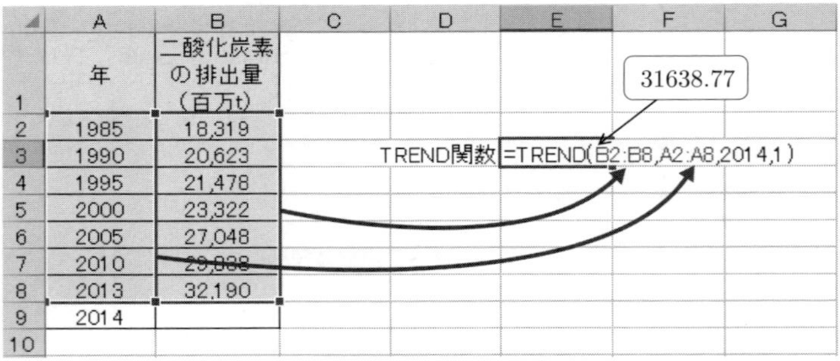

図 8.11　TREND 関数の入力

どちらの関数でも、2014 年の予測値は 31,639 百万 t と求められます。

■ 8.1.4　Excel の計算シートを作成する

　本項では、Excel で計算シートを作成して、次の式で単回帰式 $y = a + bx$ の係数 a と b を求める手順を紹介します。

$$a = \overline{y} - b\overline{x}$$

$$b = \frac{\displaystyle\sum_{i=1}^{n}(x_i - \overline{x})(y_i - \overline{y})}{\displaystyle\sum_{i=1}^{n}(x_i - \overline{x})^2}$$

ここで、$\overline{x} = \dfrac{1}{n}\displaystyle\sum_{i=1}^{n} x_i$ ＝（x の平均），$\overline{y} = \dfrac{1}{n}\displaystyle\sum_{i=1}^{n} y_i$ ＝（y の平均）

図 8.12 に計算シートを示します。濃い網掛けの範囲（B2：C8）にデータを入力すると、B15 と B16 のセルに a と b の値が計算されます。ここでは表 8.1 のデータを入力し、$a = -948255$, $b = 486.5411$ と、正しく求められていることがわかります。

	A	B	C	D	E	F	G	H
1	データ	x	y		平均値との差	x	y	
2		1985	18,319			−14.7143	−6368.99	
3		1990	20,623			−9.71429	−4065.19	
4		1995	21,478		ここへ	−4.71429	−3210.19	
5	A	2000	23,322		データを	0.285714	−1366.59	
6		2005	27,048		入力する	5.285714	2359.414	
7		2010	29,838			10.28571	5150.014	
8		2013	32,190			13.28571	7501.514	
9								
10	平均値	1999.714	24,688					
11								
12	差の積和	313054.5						
13	差の二乗和	643.4286						
14								
15	a	−948255		回帰式の係数が				
16	b	486.5411		求められる				
17								

図 8.12　Excel の計算シート

各セルに入力した式を図 8.13 に示します。b を求める式の分子となる「差の積和」を求めるには SUMPRODUCT 関数を、分母となる「差の二乗和」を求めるには SUMSQ 関数を利用しています。また、F 列と G 列の式に絶対参照記号（$）を使用しています。

これにより、データの数が変わった場合でも、図 8.12 中「A」で示した範囲で行を挿入（または削除）すれば、このシートを簡単に流用することができます。

第 8 章　単回帰分析による予測

	A	B	C	D	E	F	G	H
1	データ	x	y		平均値との差	x	y	
2		1985	18,319			=B2-B$10	=C2-C$10	
3		1990	20,623			=B3-B$10	=C3-C$10	
4		1995	21,478			=B4-B$10	=C4-C$10	
5		2000	23,322			=B5-B$10	=C5-C$10	
6		2005	27,048			=B6-B$10	=C6-C$10	
7		2010	29,838			=B7-B$10	=C7-C$10	
8		2013	32,190			=B8-B$10	=C8-C$10	
9								
10	平均値	=AVERAGE(B2:B8)	=AVERAGE(C2:C8)			絶対参照を利用している		
11								
12	差の積和	=SUMPRODUCT(F2:F8,G2:G8)						
13	差の二乗和	=SUMSQ(F2:F8)						
14								
15	a	=C10-B15*B10						
16	b	=B12/B13						
17								

図 8.13　Excel の計算シートの計算式

8.1.5　対数近似、べき乗近似、指数近似での変数変換

　単回帰分析を利用して対数近似、べき乗近似（累乗近似）、指数近似を実施するとき、散布図から近似曲線と共に近似式を求める方法なら、データからそのまま各近似を実施することができます。しかし、これ以外の方法で単回帰分析を実施する場合は、近似の種類によってそれぞれ異なる変数変換を実施する必要があります。

　本項では、その変数変換の方法について整理して示します。

■対数近似

　近似式： $y = a + b\log(x)$

　変数変換： $\log(x) \to x'$

　回帰式： $y = a + bx'$

　近似手順： データ x を $\log(x)$ に変換し、単回帰分析を実施して a と b を求める。

■べき乗近似（累乗近似）

　近似式： $y = a \cdot x^b \to \log(y) = \log(a) + b\log(x)$

　変数変換： $\log(y) \to y', \log(a) \to a', \log(x) \to x'$

　回帰式： $y' = a' + bx'$

　近似手順： データ x を $\log(x)$ に、y を $\log(y)$ に変換し、単回帰分析を実施して a' と b を求めて、$a = e^{a'}$ より a を求める。

■指数近似

近似式： $y = a \cdot e^{bx} \to \log(y) = \log(a) + bx$

変数変換： $\log(y) \to y', \log(a) \to a'$

回帰式： $y' = a' + bx$

近似手順： データ y を $\log(y)$ に変換し、単回帰分析を実施して a' と b を求めて、$a = e^{a'}$ より a を求める。

8.2 単回帰分析による予測事例

本節では、単回帰分析による時系列予測の具体的な事例を紹介します。

8.2.1 道路の面積データの予測事例

表 8.2 は、国土交通省の道路統計年報からの、高速道路の総延長距離の時系列データです。このデータから 2014 年のデータを予測してみましょう。

表 8.2 高速道路の総延長距離
（国土交通省―道路統計年報より）

年	高速道路の総延長距離〔km〕
1995	5,677
1996	5,932
1997	6,114
1998	6,402
1999	6,455
2000	6,617
2001	6,851
2002	6,915
2003	7,196
2004	7,296
2005	7,383
2006	7,392
2007	7,431
2008	7,560
2009	7,642

第 8 章 単回帰分析による予測

表 8.2 高速道路の総延長距離（つづき）

年	高速道路の総延長距離〔km〕
2010	7,803
2011	7,920
2012	8,050
2013	8,358
2014	?

散布図から近似直線と共に単回帰式を求めます。その結果を図 8.14 に示します。

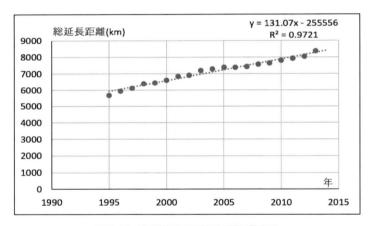

図 8.14 高速道路の総延長距離の散布図

R^2 の値が 1 に近いので、よい近似ができているといえます。求められた単回帰式

$$y = 131.07x - 255556$$

の x に 2014 を代入すると、2014 年の予測値が求められます。

$$y = 131.07 \times 2014 - 255556 = 8419 \text{〔km〕}$$

実際の 2014 年のデータは 8,428 km でした。予測値の相対誤差は 0.11% と

小さく、とてもよい予測といえます。

$$\text{相対誤差} = \left| \frac{\text{予測値} - \text{実際の値}}{\text{実際の値}} \right|$$

$$= \left| \frac{8419 - 8428}{8428} \right|$$

$$= 0.11 \ [\%]$$

■ 8.2.2　チラシ・ダイレクトメール売上高データの予測事例

表8.3は、経済産業省の特定サービス産業動態統計調査からの、広告業におけるチラシ・ダイレクトメールの売上高の時系列データです。このデータから2015年の売上高を予測します。

表8.3　チラシ・ダイレクトメール売上高
（経済産業省─特定サービス産業動態統計調査より）

年	チラシ・ダイレクトメール売上高〔百万円〕
1988	196,136
1989	239,186
1990	282,447
1991	286,254
1992	283,661
1993	281,907
1994	352,899
1995	384,239
1996	406,730
1997	429,121
1998	414,522
1999	420,667
2000	519,041
2001	533,143
2002	519,368
2003	532,715
2004	562,701
2005	595,413
2006	661,379

表 8.3 チラシ・ダイレクトメール売上高（つづき）

年	チラシ・ダイレクトメール売上高〔百万円〕
2007	642,457
2008	607,840
2009	529,951
2010	548,153
2011	669,914
2012	690,922
2013	687,150
2014	696,807
2015	?

　Excel の散布図を描いて、まず単回帰式で近似してみます。その結果を図 8.15 に示します。

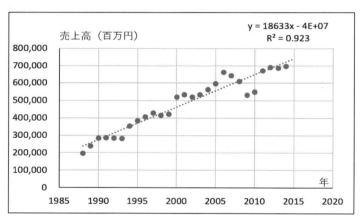

図 8.15　単回帰式での近似結果

　R^2 の値は 1 に近いようですが、回帰直線から離れたデータもあるので、他の近似も実施してみます。

　指数近似の結果を図 8.16 に示します。

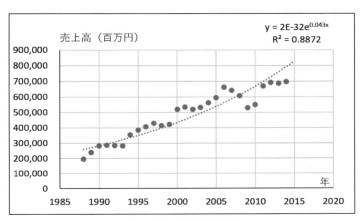

図 8.16　指数近似結果

R^2 の値が図 8.15 より小さくなったので、指数近似はあまりよい近似ではないようです。

次に対数近似を実施してみました（図 8.17）。

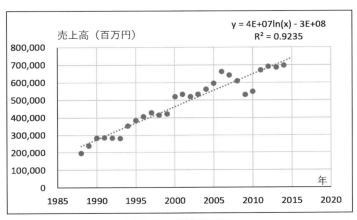

図 8.17　対数近似結果

R^2 の値が図 8.15 より大きくなったので、対数近似の方が適した近似といえるようです。

さらに、べき乗近似（累乗近似）も実施してみました（図 8.18）。

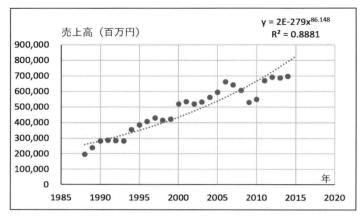

図 8.18 べき乗近似（累乗近似）結果

R^2 の値は小さくなりました。それぞれの近似による R^2 の値を比較してみると、表 8.4 のようになります。

表 8.4 近似による R^2 の値

近似	R^2
単回帰式	0.923
指数近似	0.8872
対数近似	0.9235
べき乗近似	0.8881

この結果、R^2 の値が最大となった対数近似が最適な近似といえます。図 8.17 では近似式の係数 a と b の桁数が大きすぎるため、表示が簡略化されて

$$y = 4\mathrm{E}+07 \ln(x) - 3\mathrm{E}+08$$

と表示されています。ここで、$\ln(x)$ は $\log(x)$ のことです。

a と b を正しく表示するため、近似式の表示部分を右クリックして、［近似曲線ラベルの書式設定］をクリックし（図 8.19）、［近似曲線ラベルの書式設定］ウィンドウで［表示形式］の［カテゴリ］を［数値］に変更します（図 8.20）。すると、図 8.21 のように正しい近似式が表示されるようになります。

8.2 単回帰分析による予測事例

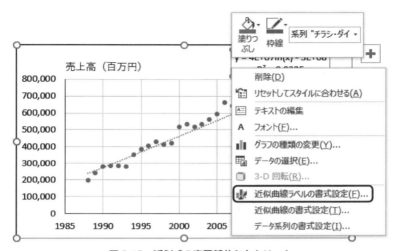

図 8.19 近似式の表示部分を右クリック

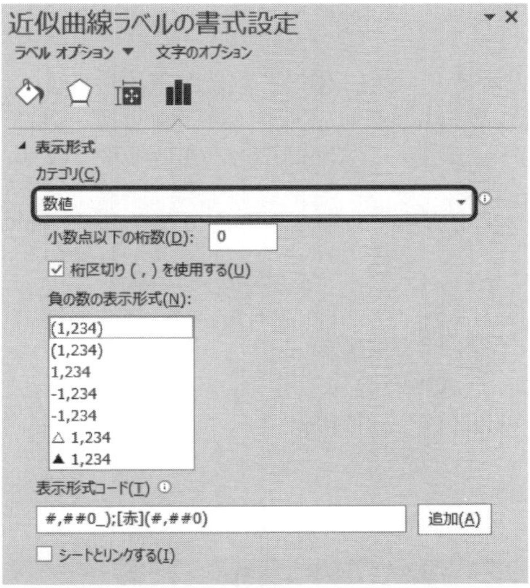

図 8.20 [近似曲線ラベルの書式設定] ウィンドウ

第8章 単回帰分析による予測

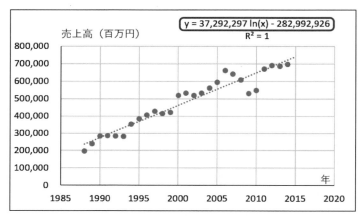

図 8.21 対数近似の正しい近似式の表示

求められた対数近似の近似式

$$y = 37292297 \log_e x - 282992926$$

の x に 2015 を代入すると、2015 年の予測値が求められます。

$$y = 37292297 \log_e 2015 - 282992926 = 740834.6 \ 〔百万円〕$$

実際の 2015 年のデータは 685,198 百万円でしたので、予測値の相対誤差は 8.12% となりました。

$$\begin{aligned} 相対誤差 &= \left| \frac{予測値 - 実際の値}{実際の値} \right| \\ &= \left| \frac{740834.6 - 685198}{685198} \right| \\ &= 8.12 \ 〔\%〕 \end{aligned}$$

まとめ

- Excel で単回帰式を求めるには次のような方法があります。
  (1) Excel の散布図から近似直線と共に単回帰式を求める。
  (2) Excel の分析ツールの「回帰分析」を利用する。
  (3) Excel の回帰分析関数を利用する。

まとめ

　　（4）Excel の計算シートを作成する。
　　（5）Excel のソルバーで単回帰式を求める。
　　（6）Excel の行列関数を利用して行列計算を実施する。
- 散布図から回帰式を求める方法は最も手軽な方法ですが、近似式の係数の表示桁数が少ないため、精度が少し低くなることがあります。
- 散布図以外の方法で次の近似式を求めるには変数変換が必要となります。
　　（1）対数近似
　　（2）べき乗近似（累乗近似）
　　（3）指数近似

▶ 参考文献

- 『Excel で学ぶ回帰分析入門』上田太一郎・小林真紀・渕上美喜 共著、オーム社
- 「総務省統計局 HP—世界の統計 2016—第 16 章　環境」
  http://www.stat.go.jp/data/sekai/0116.htm#c16
- 「国土交通省 HP—道路統計年報 2015—道路現況の推移」
  http://www.mlit.go.jp/road/ir/ir-data/tokei-nen/2015/nenpo02.html
- 「経産省 HP—特定サービス産業動態統計調査—長期データ」
  http://www.meti.go.jp/statistics/tyo/tokusabido/result/result_1.html

第9章 重回帰分析による予測

本章では、まず 9.1 節で重回帰分析による時系列予測の方法を整理し、9.2 節で重回帰分析による時系列予測の事例を紹介します。

9.1 手法の整理

第 3 章で紹介したように、重回帰分析を利用して実施できる近似手法には次の 4 つがあります。

(1) 重回帰式による近似
(2) 多項式による近似
(3) 自己回帰式による近似
(4) 数量化理論 I 類による近似

本節では、まず 9.1.1 項で、上記 (1) ～ (4) の 4 つの近似による手順の違いを整理して示します。

重回帰分析では、複数の説明変数を分析の対象としますが、必ずしもすべての説明変数が予測に役立つとは限りません。このため、説明変数の中から不要なものを削除する必要があります。9.1.2 項では、説明変数選択規準 Ru を用いた変数選択の手順についてまとめて示します。

重回帰分析の実施には、Excel の分析ツールの「回帰分析」の利用が最適ですが、これ以外に LINEST 関数を利用する方法もあります。また、上記（2）の多項式近似では、Excel の散布図から簡単に近似曲線と近似式を求めることができます。

9.1.3 項では、Excel の散布図を利用して多項式近似を実施する手順を示し、9.1.4 項では、LINEST 関数で重回帰分析を実施する方法を紹介します。

■ 9.1.1　重回帰分析を利用した近似手法

重回帰分析を利用して上記 4 つの近似による時系列予測を実施することができます。ただし、適用する近似の種類によって、近似式、変数変換、データの加工や準備の手順が異なりますので、ここでその内容を整理して示します。

（1）重回帰式による近似

目的変数 y を複数の説明変数 $x_1, x_2, \cdots, x_k$ で近似します。

近似式：　　　$y = a + b_1 x_1 + b_2 x_2 + \cdots + b_k x_k$

近似手順：　　データの値をそのまま目的変数 y、説明変数 $x_1, x_2, \cdots, x_k$ として回帰分析を実行して、切片 a と回帰係数 $b_1, b_2, \cdots, b_k$ を求める。

（2）多項式による近似

目的変数 y を説明変数 x とその累乗の値 $x^2, \cdots, x^k$ で近似します。

近似式：　　　$y = a + b_1 x + b_2 x^2 + \cdots + b_k x^k$

近似手順：　　データ x から $x^2, \cdots, x^k$ を求め、データ y を目的変数とし、x と $x^2, \cdots, x^k$ を説明変数として回帰分析を実行し、切片 a と回帰係数 $b_1, b_2, \cdots, b_k$ を求める。

（3）自己回帰式による近似

ある時点 t のデータ y_t を、その過去のデータ $y_{t-1}, y_{t-2}, \cdots, y_{t-k}$ で近似します。

近似式：　　　$y_t = a + b_1 y_{t-1} + b_2 y_{t-2} + \cdots + b_k y_{t-k}$

近似手順：　　データ y_t を目的変数とし、データ $y_{t-1}, y_{t-2}, \cdots, y_{t-k}$ を説明

変数として回帰分析を実行し、切片 a と回帰係数 b_1, b_2, $\cdots$, b_k を求める。

(4) 数量化理論 I 類による近似

言語情報など定性的なデータを 1, 0 のダミー変数 $x_{1,1}$, $\cdots$, x_{k,m_k} に変換したものを説明変数（アイテム）として、目的変数（外的基準）y を近似します。

近似式：
$$y = a + \begin{bmatrix} b_{1,1}x_{1,1} \\ b_{1,2}x_{1,2} \\ \cdots \\ b_{1,k_1}x_{1,m_1} \end{bmatrix} + \begin{bmatrix} b_{2,1}x_{2,1} \\ b_{2,2}x_{2,2} \\ \cdots \\ b_{2,k_2}x_{2,m_2} \end{bmatrix} + \cdots + \begin{bmatrix} b_{l,1}x_{k,1} \\ b_{l,2}x_{k,2} \\ \cdots \\ b_{l,k_2}x_{k,m_k} \end{bmatrix}$$

近似手順： データ y を目的変数とし、ダミー変数 $x_{1,1}$, $\cdots$, x_{k,m_k} を説明変数として回帰分析を実行し、切片 a と回帰係数 $b_{1,1}$, $\cdots$, b_{k,m_k} を求める。

9.1.2 変数選択の手順

重回帰分析では、複数ある説明変数のすべてが予測に役立つとは限りません。このため、次のような手順で不要な説明変数を削除して、役に立つ変数だけの最適な回帰式を求めます。

(1) すべての説明変数を用いて回帰分析を実行します。
(2) 実行結果から P-値が最大の説明変数を1つ除いて、再び回帰分析を実行します。
(3) この要領で順に説明変数を1つずつ減らしていき、回帰分析を実行します。最終的に説明変数が1つになるまで繰り返します。
(4) すべての回帰分析の実行結果について、説明変数選択規準 Ru を求めます。求めた Ru を比較して、Ru が最大となった結果から求められる回帰式が最適な回帰式となります。

説明変数選択規準 Ru とは、次の式で計算される値です。

$$Ru = 1 - (1 - R^2) \frac{n+k+1}{n-k-1}$$

ここで、n はデータの数、k は説明変数の数

第9章 重回帰分析による予測

　数量化理論Ⅰ類では、説明変数を削除するときアイテムごとに削除します。カテゴリだけを削除しないように注意してください。また、削除する説明変数を決めるには、P-値でなくカテゴリスコアのレンジを利用することにも留意してください。

■ 9.1.3　Excelの散布図で多項式近似を実施する

　第3章で、Excelの散布図から簡単に多項式近似の近似曲線と近似式を求めることができることを紹介しました。ここで、その詳細な手順を説明しておきます。

　表9.1（表3.8の再掲）は、ある製品の販売量と経過年の関係を記録したデータです。このデータの多項式近似をExcelの散布図で実施してみましょう。

表 9.1　ある製品の販売量の推移

経過年（x）	販売量（y）
1	3.1
2	7.2
3	7.3
4	13.0
5	9.9
6	10.5
7	18.5
8	24.0
9	27.8

（1）表9.1のデータの散布図を描きます（図9.1）。

9.1 手法の整理

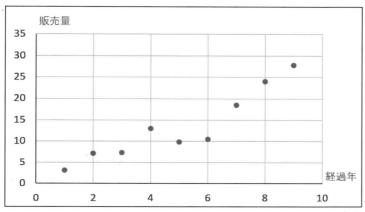

図 9.1　データの散布図

(2) 図 9.1 の散布図のいずれかのプロット（データの点）を右クリックすると、図 9.2 のようにメニューが現れますので、［近似曲線の追加］をクリックします。

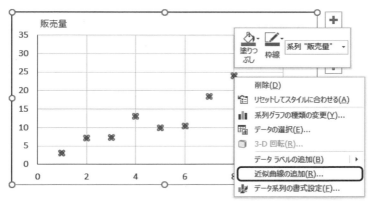

図 9.2　近似曲線の追加

(3) シート右側に表示される［近似曲線の書式設定］ウィンドウで、［多項式近似］にチェックを入れ、［次数］を「2」に設定し、［グラフに数式を表示する］と［グラフに R-2 乗値を表示する］をチェックします（図 9.3）。

211

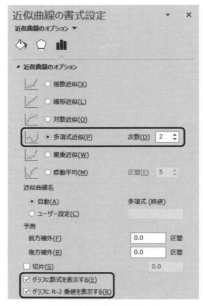

図 9.3 [近似曲線の書式設定]ウィンドウ

(4) 図 9.4 のように、散布図上に近似曲線が描かれ、近似式と相関係数の二乗の値である R^2 が表示されます。

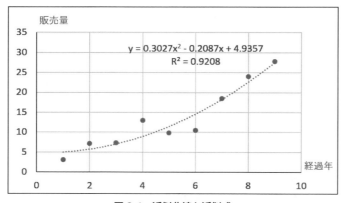

図 9.4 近似曲線と近似式

図 9.4 から、2 次の多項式近似の近似式として、次の式が得られます。

$$y = 0.3027x^2 - 0.2087x + 4.9357$$

(5) このまま、［近似曲線の書式設定］ウィンドウで［次数］を「3」に設定すると、図 9.5 のように、3 次の近似曲線と近似式に変わります。同様に 6 次までの近似曲線と近似式を求めることができます。

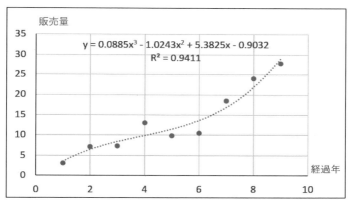

図 9.5　3 次の近似曲線と近似式

(6) ［近似曲線の書式設定］ウィンドウを消してしまった場合は、表示されている近似曲線の線上を右クリックして、［近似曲線の書式設定］をクリックすると、再び［近似曲線の書式設定］ウィンドウが表示されます（図 9.6）。

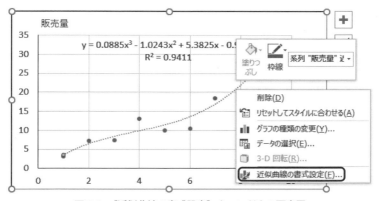

図 9.6　［近似曲線の書式設定］ウィンドウの再表示

このように、Excel の散布図を利用して簡単に多項式近似を実施することができます。この方法では、多項式近似が手軽に実施できることに加え、近似のあてはまりのよさを視覚的に確認できることも 1 つのメリットといえます。

■ 9.1.4　LINEST 関数を利用した重回帰分析

Excel 関数の LINEST 関数を利用して、重回帰分析を実施することができます。

表 9.2（表 3.1 の再掲）は食器乾燥機の発売前のアンケートの結果と、その食器乾燥機を初めて売り出したときの初月販売数のデータです。このデータで Excel の分析ツール「回帰分析」を実行した結果を図 9.7（図 3.4 の再掲）に示します。

表 9.2　食器乾燥機のデータ

商品	洗浄力が強い	サイズが小さい	操作が簡単	ブランド力	広告が目につく	価格が安い	食器を入れやすい	デザインが良い	初月販売数
商品 1	99	94	20	17	33	76	61	32	700
商品 2	99	76	74	26	62	7	44	26	690
商品 3	99	84	50	6	60	8	44	23	660
商品 4	99	84	32	25	51	28	42	31	530
商品 5	77	37	54	29	38	12	29	22	360
商品 6	84	33	38	16	41	6	29	15	310
商品 7	94	66	21	4	26	43	39	58	300
商品 8	98	50	11	3	23	24	25	32	270
商品 9	91	35	30	18	34	21	31	23	240
商品 10	46	26	47	31	34	16	32	19	230
商品 11	72	23	39	8	31	15	23	36	220
商品 12	33	15	84	20	47	12	32	27	200
商品 13	52	27	15	8	13	31	25	19	150
商品 14	85	20	11	2	16	50	28	32	120
商品 15	56	14	28	13	29	13	37	26	120
商品 16	43	25	11	3	33	6	29	17	110
商品 17	60	7	11	5	8	21	21	54	90
商品 18	79	17	8	1	6	25	25	39	70
商品 19	30	17	5	1	14	52	26	34	60
商品 20	20	8	19	2	14	23	21	30	50

9.1 手法の整理

概要

回帰統計	
重相関 R	0.977419
重決定 R2	0.955348
補正 R2	0.922875
標準誤差	58.77693
観測数	20

分散分析表

	自由度	変動	分散	観測された分散比	有意 F
回帰	8	813078	101634.8	29.41904	2.31E-06
残差	11	38002	3454.727		
合計	19	851080			

	係数	標準誤差	t	P-値	下限 95%	上限 95%	下限 95.0%	上限 95.0%
切片	-75.7689	100.7253	-0.75223	0.467702	-297.464	145.9259	-297.464	145.9259
洗浄力が強い	0.788115	0.85515	0.92161	0.376503	-1.09406	2.670287	-1.09406	2.670287
サイズが小さい	5.813629	1.526698	3.807976	0.002903	2.453389	9.173869	2.453389	9.173869
操作が簡単	3.008793	1.569182	1.917428	0.081508	-0.44495	6.46254	-0.44495	6.46254
ブランド力	0.036918	2.18331	0.016909	0.986812	-4.76851	4.842351	-4.76851	4.842351
広告が目につく	-1.67005	3.258985	-0.51244	0.618473	-8.84302	5.502933	-8.84302	5.502933
価格が安い	-0.35666	1.490121	-0.23935	0.815237	-3.63639	2.923077	-3.63639	2.923077
食器を入れやすい	2.866972	3.260204	0.879384	0.397997	-4.30869	10.04263	-4.30869	10.04263
デザインが良い	-1.69897	1.689368	-1.00568	0.336179	-5.41724	2.019306	-5.41724	2.019306

図 9.7　回帰分析実行結果

　次のような手順で、LINEST 関数を利用すると、図 9.7 と同様の回帰分析実行結果が得られます。

（1）図 9.8 のように、セルに

　　＝ LINEST（［データ y のセル範囲］,［データ x のセル範囲］, 1, 1）

と入力すると、そのセルに -1.69897 と数値が表示されます。この数値は、図 9.7 の左の一番下、［デザインが良い］の［係数］-1.69897 が表示されていることがわかります。

第9章 重回帰分析による予測

	A	B	C	D	E	F	G	H	I	J	K
1	商品	洗浄力が強い	サイズが小さい	操作が簡単	ブランド力	広告が目につく	価格が安い	食器を入れやすい	デザインが良い	初月販売数	
2	商品1	99	94	20	17	33	76	61	32	700	
3	商品2	99	76	74	26	62	7	44	26	690	
4	商品3	99	84	50	6	60	8	44	23	660	
5	商品4	99	84	32	25	51	28	42	31	530	
6	商品5	77	37	54	29	38	12	29	22	360	
7	商品6	84	33	38	16	41	6	29	15	310	
8	商品7	94	66	21	4	26	43	39	58	300	
9	商品8	98	50	11	3	23	24	25	32	270	
10	商品9	91	35	30	18	34	21	31	23	240	
11	商品10	46	26	47	31	34	16	32	19	230	
12	商品11	72	23	39	8	31	15	23	36	220	
13	商品12	33	15	84	20	47	12	32	27	200	
14	商品13	52	27	15	8	13	31	25	19	150	
15	商品14	85	20	11	2	16	50	28	32	120	
16	商品15	56	14	28	13	29	13	37	26	120	
17	商品16	43	25	11	3	33	6	29	17	110	
18	商品17	60	7	11	5	8	21	21	54	90	
19	商品18	79	17	8	1	6	25	25	39	70	
20	商品19	30	17	5	1	14	52	26	34	60	
21	商品20	20	8	19	5	14	23	21	30	50	
22											
23											
24		LINEST関数	=LINEST(J2:J21,B2:I21,1,1)								
25											

−1.69897

図 9.8 LINEST 関数の入力

(2) LINEST 関数は「配列関数」で、内部的にいくつかの値が計算されています。その値を表示するには、結果が表示されるべきセル範囲（C24：K28）を選択して、[F2] キーを押してセルを編集できる状態としてから、[Ctrl] + [Shift] + [Enter] キーを押します。

この結果、図 9.9 のように C24：K28 のセル範囲に数値が表示されます。

9.1 手法の整理

	A	B	C	D	E	F	G	H	I	J	K
1	商品	洗浄力が強い	サイズが小さい	操作が簡単	ブランド力	広告が目につく	価格が安い	食器を入れやすい	デザインが良い	初月販売数	
2	商品1	99	94	20	17	33	76	61	32	700	
3	商品2	99	76	74	26	62	7	44	26	690	
4	商品3	99	84	50	6	60	8	44	23	660	
5	商品4	99	84	32	25	51	28	42	31	530	
6	商品5	77	37	54	29	38	12	29	22	360	
7	商品6	84	33	38	16	41	6	29	15	310	
8	商品7	94	66	21	4	26	43	39	58	300	
9	商品8	98	50	11	3	23	24	25	32	270	
10	商品9	91	35	30	18	34	21	31	23	240	
11	商品10	46	26	47	31	34	16	32	19	230	
12	商品11	72	23	39	8	31	15	23	36	220	
13	商品12	33	15	84	20	47	12	32	27	200	
14	商品13	52	27	15	8	13	31	25	19	150	
15	商品14	85	20	11	2	16	50	28	32	120	
16	商品15	56	14	28	13	29	13	37	26	120	
17	商品16	43	25	11	3	33	6	29	17	110	
18	商品17	60	7	11	5	8	21	21	54	90	
19	商品18	79	17	8	1	6	25	25	39	70	
20	商品19	30	17	5	1	14	52	26	34	60	
21	商品20	20	8	19	5	14	23	21	30	50	
22											
23											
24		LINEST関数	-1.69897								
25											
26											
27											
28											
29											

セル範囲 C24：K28 を選択した状態で [F2] キーを押し、[Ctrl] + [Shift] + [Enter] キーを押す

⬇

	A	B	C	D	E	F	G	H	I	J	K
23											
24		LINEST関数	-1.69897	2.866972	-0.35666	-1.67005	0.036918	3.008793	5.813629	0.788115	-75.7689
25			1.689368	3.260204	1.490121	3.258985	2.18331	1.569182	1.526698	0.85515	100.7253
26			0.955348	58.77693	#N/A	#N/A	#N/A	#N/A	#N/A	#N/A	#N/A
27			29.41904	11	#N/A	#N/A	#N/A	#N/A	#N/A	#N/A	#N/A
28			813078	38002	#N/A	#N/A	#N/A	#N/A	#N/A	#N/A	#N/A
29											

図 9.9　LINEST 関数の表示

(3) 図 9.9 の出力結果を図 9.7 と比較すると、LINEST 関数によって図 9.7 の回帰分析実行結果と同じ値が、表 9.3 に示す配置で出力されていることがわかります。

(注) 図 9.9 で「#N/A」と表示されているのは、そのセルには表示すべき数値がないことを表しています。

表 9.3　LINEST 関数の出力内容

b_8	b_7	b_6	b_5	b_4	b_3	b_2	b_1	a
↑の標準誤差	↑の標準誤差	↑の標準誤差	↑の標準誤差	↑の標準誤差	↑の標準誤差	↑の標準誤差	↑の標準誤差	↑の標準誤差
R^2	標準誤差							
分散比	残差の自由度							
回帰の変動	残差の変動							

表 9.3 で、$a, b_1, b_2, \cdots, b_8$ は重回帰式

$$y = a + b_1 x_1 + b_2 x_2 + \cdots + b_8 x_8$$

の切片と回帰係数を示しています。ここで、$x_1, x_2, \cdots, x_8$ は「洗浄力が強い」〜「デザインが良い」のデータを示しています。この結果、次のように 3.1.1 項の結果と同じ重回帰式が求められます。

$y = -75.77$
　　$+0.79 \times$ 洗浄力が強い
　　$+5.81 \times$ サイズが小さい
　　$+3.01 \times$ 操作が簡単
　　$+0.04 \times$ ブランド力
　　$-1.67 \times$ 広告が目につく
　　$-0.36 \times$ 価格が安い
　　$+2.87 \times$ 食器を入れやすい
　　$-1.70 \times$ デザインが良い

このように、LINEST 関数を利用することで、重回帰分析をコンパクトに実施することができます。

9.2 重回帰分析による予測事例

本節では、重回帰分析による時系列予測の具体的な事例を紹介します。

9.2.1 多項式近似による予測事例（1）

第8章8.2.2項で使用したチラシ・ダイレクトメールの売上高データ（表8.3）について、多項式近似を利用してさらに精度よく予測値を求められないか確認してみます。

データを表9.4に再掲します。ここでは、累乗によって値が過大にならないよう「経過年」のデータを追加しています。多項式近似の説明変数にはこの「経過年」のデータを使用します。

表9.4 チラシ・ダイレクトメール売上高
（経済産業省―特定サービス産業動態統計調査より）

年	経過年	チラシ・ダイレクトメール 売上高〔百万円〕
1988	1	196,136
1989	2	239,186
1990	3	282,447
1991	4	286,254
1992	5	283,661
1993	6	281,907
1994	7	352,899
1995	8	384,239
1996	9	406,730
1997	10	429,121
1998	11	414,522
1999	12	420,667
2000	13	519,041
2001	14	533,143
2002	15	519,368
2003	16	532,715
2004	17	562,701
2005	18	595,413

表9.4 チラシ・ダイレクトメール売上高(つづき)

年	経過年	チラシ・ダイレクトメール売上高〔百万円〕
2006	19	661,379
2007	20	642,457
2008	21	607,840
2009	22	529,951
2010	23	548,153
2011	24	669,914
2012	25	690,922
2013	26	687,150
2014	27	696,807
2015	28	?

では、このデータから多項式近似によって2015年の売上高を予測してみましょう。

まず、経過年と売上高の散布図で多項式近似によって2次から6次までの近似曲線と近似式を求めました。その結果を図9.10～図9.14に示します。

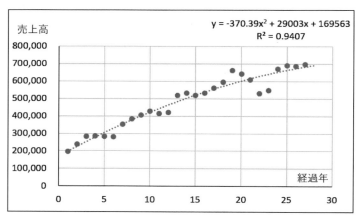

図9.10 2次の多項式近似の結果

9.2 重回帰分析による予測事例

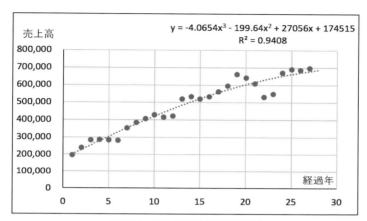

図9.11 3次の多項式近似の結果

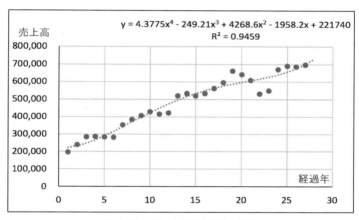

図9.12 4次の多項式近似の結果

第9章 重回帰分析による予測

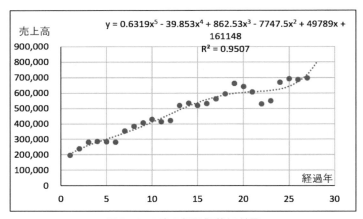

図9.13　5次の多項式近似の結果

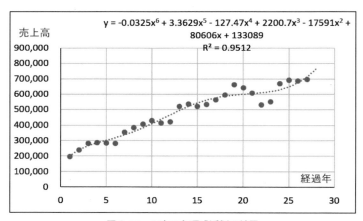

図9.14　6次の多項式近似の結果

図 9.10 ～図 9.14 の結果から Ru を求めます。例えば、図 9.10 の 2 次の多項式近似の結果からは

$$Ru = 1-(1-R^2)\frac{n+k+1}{n-k-1}$$
$$= 1-(1-0.9407)\frac{27+2+1}{27-2-1}$$
$$= 0.925875$$

と求められます。すべての結果から求めた Ru を表 9.5 にまとめて示します。

表 9.5　多項式近似の次数と Ru

近似	Ru
2 次	0.925875
3 次	0.920209
4 次	0.921309
5 次	0.922529
6 次	0.91704

表 9.5 より、2 次の Ru が最も大きいことから、この中では、2 次の多項式近似が最もよい近似であるといえます。

図 9.10 で表示された 2 次の多項式近似の近似式は

$$y = -370.39x^2 + 29003x + 169563$$

です。この x に 2015 年にあたる経過年数の 28 を代入すると、次のように 2015 年の予測値が求められます。

$$y = -370.39 \times 28^2 + 29003 \times 28 + 169563 = 691261.2 \ 〔百万円〕$$

実際の 2015 年のデータは 685,198 百万円だったので、予測値の相対誤差は 0.88% となりました。第 8 章 8.2.2 項で最適とされた対数近似での相対誤差 8.12% に比べ、予測の精度が大幅に改善されました。

$$\text{相対誤差} = \left| \frac{\text{予測値} - \text{実際の値}}{\text{実際の値}} \right|$$
$$= \left| \frac{691261.2 - 685198}{685198} \right|$$
$$= 0.88\%$$

■9.2.2　多項式近似による予測事例（2）

　表 9.6 は、総務省統計局の労働力調査からの、毎年 1 月の農林業就業者数を示したデータです。このデータから多項式近似によって 2016 年 1 月の農林業就業者数を予測してみましょう。

表9.6　毎年 1 月の農林業就業者数データ
（総務省統計局―労働力調査より）

年	経過年	毎年 1 月の農林業就業者数〔万人〕
1986	1	347
1987	2	351
1988	3	347
1989	4	330
1990	5	316
1991	6	301
1992	7	303
1993	8	284
1994	9	270
1995	10	260
1996	11	251
1997	12	231
1998	13	229
1999	14	234
2000	15	236
2001	16	214
2002	17	224
2003	18	224
2004	19	207
2005	20	212
2006	21	204
2007	22	196

表 9.6　毎年 1 月の農林業就業者数データ（つづき）

年	経過年	毎年 1 月の農林業就業者数〔万人〕
2008	23	206
2009	24	208
2010	25	201
2011	26	191
2012	27	183
2013	28	171
2014	29	167
2015	30	176
2016	31	?

まず、Excel の散布図を利用した多項式近似によって 2 次から 6 次までの近似曲線と近似式を求めました。その結果を図 9.15 ～ 図 9.19 に示します。

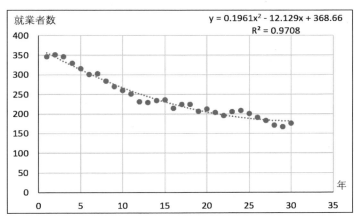

図 9.15　2 次の多項式近似の結果

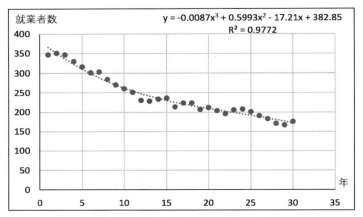

図 9.16　3 次の多項式近似の結果

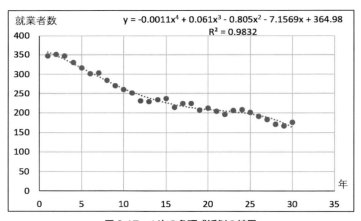

図 9.17　4 次の多項式近似の結果

9.2 重回帰分析による予測事例

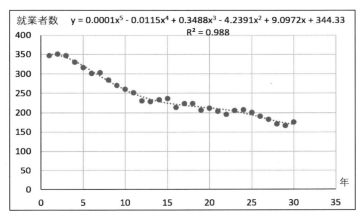

図 9.18　5 次の多項式近似の結果

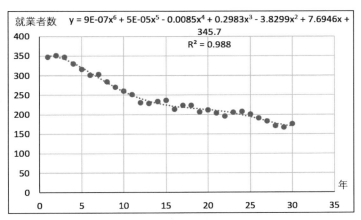

図 9.19　6 次の多項式近似の結果

図 9.15 ～図 9.19 の結果から Ru を求めて結果を表 9.7 に一覧で示します。

第 9 章　重回帰分析による予測

表 9.7　多項式近似の次数と Ru

次数	Ru
2	0.964311
3	0.970185
4	0.97648
5	0.982
6	0.980696

表 9.7 より、5 次の Ru が最も大きいことから、5 次の多項式近似が最もよい近似といえます。図 9.18 より 5 次の多項式近似の近似式は

$$y = 0.0001x^5 - 0.0115x^4 + 0.3488x^3 - 4.2391x^2 \\ + 9.0972x + 344.33$$

と表示されています。この x に 2016 年にあたる経過年数の 31 を代入すると、2016 年の予測値が求められるはずですが、実はこれではうまく予想値が求められません。次数が大きくなると、散布図に表示される係数の桁数では精度が低くなってしまうことがあるのです。上記の近似式に $x = 31$ を代入すると

$$y = 0.0001 \times 31^5 - 0.0115 \times 31^4 + 0.3488 \times 31^3 - 4.2391 \times 31^2 \\ + 9.0972 \times 31 + 344.33 \\ = -813.9 \,〔百万円〕$$

と、予測値が負の値となってしまいます。

　正しい予測値を求めるには散布図で表示される重回帰式でなく、別の方法で求めた重回帰式を利用する必要があります。ここでは、LINEST 関数を利用して求めてみます。

(1) 表 9.6 のデータから、経過年 x について $x^2, \cdots, x^5$ の値を求めた表を作成します（図 9.20）。

9.2 重回帰分析による予測事例

	A	B	C	D	E	F	G	H
1	年	経過年 x	x^2	x^3	x^4	x^5	毎年1月の農林業就業者数(万人)	
2	1986	1	1	1	1	1	347	
3	1987	2	4	8	16	32	351	
4	1988	3	9	27	81	243	347	
5	1989	4	16	64	256	1024	330	
6	1990	5	25	125	625	3125	316	
7	1991	6	36	216	1296	7776	301	
8	1992	7	49	343	2401	16807	303	
9	1993	8	64	512	4096	32768	284	
10	1994	9	81	729	6561	59049	270	
11	1995	10	100	1000	10000	100000	260	
12	1996	11	121	1331	14641	161051	251	
13	1997	12	144	1728	20736	248832	231	
14	1998	13	169	2197	28561	371293	229	
15	1999	14	196	2744	38416	537824	234	
16	2000	15	225	3375	50625	759375	236	
17	2001	16	256	4096	65536	1048576	214	
18	2002	17	289	4913	83521	1419857	224	
19	2003	18	324	5832	104976	1889568	224	
20	2004	19	361	6859	130321	2476099	207	
21	2005	20	400	8000	160000	3200000	212	
22	2006	21	441	9261	194481	4084101	204	
23	2007	22	484	10648	234256	5153632	196	
24	2008	23	529	12167	279841	6436343	206	
25	2009	24	576	13824	331776	7962624	208	
26	2010	25	625	15625	390625	9765625	201	
27	2011	26	676	17576	456976	11881376	191	
28	2012	27	729	19683	531441	14348907	183	
29	2013	28	784	21952	614656	17210368	171	
30	2014	29	841	24389	707281	20511149	167	
31	2015	30	900	27000	810000	24300000	176	
32	2016	31						
33								

図9.20　経過年 x について x^2, …, x^5 の値を求める

(2) 任意のセル（ここではセルJ3）に、「＝LINEST(G2：G31,B2：F31,1,1)」と入力します（図9.21）。

	I	J	K	L
2				
3		=LINEST(G2:G31,B2:F31,1,1)		
4				

図9.21　LINEST 関数の入力

(3) 入力したセルから、右に5セル、下に4セルまでの範囲（ここではセル範囲 J3：O7）を選択して、[F2] キーを押してセルを編集できる状態としてから、[Ctrl] + [Shift] + [Enter] キーを押すと、配列関数に

よって計算された数値が表示されます（図 9.22）。

	I	J	K	L	M	N	O	P
2								
3		=LINEST(G2:G31,B2:F31,1,1)						
4								
5								
6								
7				セル範囲 J3：O7 を選択した状態で［F2］キーを押し、				
8				［Ctrl］＋［Shift］＋［Enter］キーを押す				

	I	J	K	L	M	N	O	P
2								
3		0.000134	-0.01148	0.34884	-4.2391	9.097186	344.3253	
4		4.35E-05	0.003389	0.095921	1.194989	6.226885	10.14828	
5		0.987962	6.720341	#N/A	#N/A	#N/A	#N/A	
6		393.9489	24	#N/A	#N/A	#N/A	#N/A	
7		88959.55	1083.912	#N/A	#N/A	#N/A	#N/A	
8								

図 9.22　LINEST 関数の表示

（4）図 9.22 では、表 9.8 のような並びで重回帰分析の結果が出力されています。

（注）図 9.22 で「#N/A」と表示されているのは、そのセルには表示すべき数値がないことを表しています。

表 9.8　LINEST 関数の出力内容

b_5	b_4	b_3	b_2	b_1	a
b_5 の標準誤差	b_4 の標準誤差	b_3 の標準誤差	b_2 の標準誤差	b_1 の標準誤差	a の標準誤差
R^2	標準誤差				
分散比	残差の自由度				
回帰の変動	残差の変動				

表 9.8 で、$a, b_1, \cdots, b_5$ は 5 次の多項式

$$y = b_5 x^5 + b_4 x^4 + \cdots + b_1 x + a$$

の係数を示しています。これより、次のような 5 次の多項式近似の近似式が求められます。

$$y = 0.000134x^5 - 0.01148x^4 + 0.34884x^3 - 4.2391x^2$$
$$+ 9.097186x + 344.3253$$

この x に 2016 年にあたる経過年数の 31 を代入すると、2016 年の予測値が正しく求められます。

$$y = 0.000134 \times 31^5 - 0.01148 \times 31^4 + 0.34884 \times 31^3 - 4.2391 \times 31^2$$
$$+ 9.097186 \times 31 + 344.3253$$
$$= 169.7189 〔万人〕$$

(注) ここでは Excel シートで係数のセルを参照して計算します。計算式は

= O3+N3*31+M3*31^2+L3*31^3+K3*31^4+J3*31^5

となります。

実際の 2016 年のデータは 168 万人でしたので、予測値の相対誤差は 1.02% となりました。かなりよい予測となっています。

$$相対誤差 = \left| \frac{予測値 - 実際の値}{実際の値} \right|$$
$$= \left| \frac{169.7189 - 168}{168} \right|$$
$$= 1.02 〔\%〕$$

■9.2.3 重回帰分析と数量化理論 I 類を混合した予測事例

数値と言語が混在したデータについて、重回帰分析と数量化理論 I 類を同時に実施することができます。これを利用して、傾向変動と季節変動を合わせた時系列データの予測が可能となります。

表 9.9 は、平成 24 年 1 月〜平成 25 年 12 月の農林業就業者数の時系列データです。このデータには 5 月と 9 月にピークのある季節変動があることがわかります（図 9.23）。また、9.2.2 項で見たように農林業の就業者数には年ごとに減少する傾向変動が含まれています。このようなデータについて、重回帰分

析と数量化理論Ⅰ類を同時に実施すると、傾向変動と季節変動を含めて、平成26年1月〜12月の就業者数を予測することができます。

表9.9 平成24年1月〜平成25年12月の農林業就業者数
（総務省統計局—労働力調査より）

年	月	農林業就業者数〔万人〕
平成24年	1月	183
	2月	189
	3月	205
	4月	243
	5月	251
	6月	245
	7月	241
	8月	236
	9月	243
	10月	238
	11月	228
	12月	190
平成25年	1月	171
	2月	177
	3月	207
	4月	236
	5月	242
	6月	237
	7月	222
	8月	221
	9月	248
	10月	237
	11月	216
	12月	192

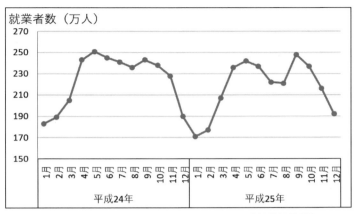

図 9.23 平成 24 年 1 月～平成 25 年 12 月の農林業就業者数

(1) 表 9.9 のデータから、傾向変動に関する年のデータを重回帰分析の説明変数とし、月のデータを数量化理論 I 類のカテゴリとして使用します。つまり、年のデータは数値とし、月のデータは 1 月から 12 月のカテゴリとして 1, 0 のダミー変数に置き換えて、表 9.10 のような表を作成します。カテゴリについては冗長な列を 1 列削除する必要があるので、ここでは 12 月の列を削除しています。

表 9.10 年を数値に、月を 1, 0 に置き換えた表

平成	1月	2月	3月	4月	5月	6月	7月	8月	9月	10月	11月	就業者数
24	1	0	0	0	0	0	0	0	0	0	0	183
24	0	1	0	0	0	0	0	0	0	0	0	189
24	0	0	1	0	0	0	0	0	0	0	0	205
24	0	0	0	1	0	0	0	0	0	0	0	243
24	0	0	0	0	1	0	0	0	0	0	0	251
24	0	0	0	0	0	1	0	0	0	0	0	245
24	0	0	0	0	0	0	1	0	0	0	0	241
24	0	0	0	0	0	0	0	1	0	0	0	236
24	0	0	0	0	0	0	0	0	1	0	0	243
24	0	0	0	0	0	0	0	0	0	1	0	238
24	0	0	0	0	0	0	0	0	0	0	1	228
24	0	0	0	0	0	0	0	0	0	0	0	190

表 9.10 年を数値に、月を 1, 0 に置き換えた表（つづき）

平成	1月	2月	3月	4月	5月	6月	7月	8月	9月	10月	11月	就業者数
25	1	0	0	0	0	0	0	0	0	0	0	171
25	0	1	0	0	0	0	0	0	0	0	0	177
25	0	0	1	0	0	0	0	0	0	0	0	207
25	0	0	0	1	0	0	0	0	0	0	0	236
25	0	0	0	0	1	0	0	0	0	0	0	242
25	0	0	0	0	0	1	0	0	0	0	0	237
25	0	0	0	0	0	0	1	0	0	0	0	222
25	0	0	0	0	0	0	0	1	0	0	0	221
25	0	0	0	0	0	0	0	0	1	0	0	248
25	0	0	0	0	0	0	0	0	0	1	0	237
25	0	0	0	0	0	0	0	0	0	0	1	216
25	0	0	0	0	0	0	0	0	0	0	0	192

(2) 表 9.10 について Excel 分析ツールの回帰分析を実行します。実行結果を図 9.24 に示します。

概要

回帰統計

重相関 R	0.989081
重決定 R2	0.978282
補正 R2	0.95459
標準誤差	5.34988
観測数	24

分散分析表

	自由度	変動	分散	観測された分散比	有意 F
回帰	12	14181.67	1181.806	41.29125	2.24E-07
残差	11	314.8333	28.62121		
合計	23	14496.5			

	係数	標準誤差	t	P-値	下限 95%	上限 95%	下限 95.0%	上限 95.0%
切片	366.5833	53.64349	6.833696	2.82E-05	248.5148	484.6519	248.5148	484.6519
平成	-7.16667	2.184079	-3.28132	0.007317	-11.9738	-2.35954	-11.9738	-2.35954
1月	-14	5.34988	-2.61688	0.023962	-25.775	-2.22499	-25.775	-2.22499
2月	-8	5.34988	-1.49536	0.162946	-19.775	3.775006	-19.775	3.775006
3月	15	5.34988	2.803801	0.017158	3.224994	26.77501	3.224994	26.77501
4月	48.5	5.34988	9.065625	1.95E-06	36.72499	60.27501	36.72499	60.27501
5月	55.5	5.34988	10.37407	5.12E-07	43.72499	67.27501	43.72499	67.27501
6月	50	5.34988	9.346005	1.45E-06	38.22499	61.77501	38.22499	61.77501
7月	40.5	5.34988	7.570264	1.1E-05	28.72499	52.27501	28.72499	52.27501
8月	37.5	5.34988	7.009503	2.24E-05	25.72499	49.27501	25.72499	49.27501
9月	54.5	5.34988	10.18715	6.14E-07	42.72499	66.27501	42.72499	66.27501
10月	46.5	5.34988	8.691784	2.94E-05	34.72499	58.27501	34.72499	58.27501
11月	31	5.34988	5.794523	0.00012	19.22499	42.77501	19.22499	42.77501

図 9.24 回帰分析実行結果

(3) 図 9.24 左下の係数から、次のような回帰式が得られます。ここで、x は平成の年数です。

$$\text{就業者数} = 366.5833 - 7.16667x + \begin{bmatrix} -14 & (1月) \\ -8 & (2月) \\ 15 & (3月) \\ 48.5 & (4月) \\ 55.5 & (5月) \\ 50 & (6月) \\ 40.5 & (7月) \\ 37.5 & (8月) \\ 54.5 & (9月) \\ 46.5 & (10月) \\ 31 & (11月) \\ 0 & (12月) \end{bmatrix}$$

この式から、$x = 26$ として、平成 26 年 1 月～12 月の各月の就業者数の予測値が求められます。求められた予測値と、実測値、各月の相対誤差を表 9.11 に示します。また、予測値と実測値のグラフを図 9.25 に示します。

表 9.11 予測値、実測値、相対誤差

年	月	予測値	実測値	相対誤差
平成 26 年	1 月	166.25	167	0.45%
	2 月	172.25	167	3.14%
	3 月	195.25	197	0.89%
	4 月	228.75	218	4.93%
	5 月	235.75	231	2.06%
	6 月	230.25	230	0.11%
	7 月	220.75	220	0.34%
	8 月	217.75	225	3.22%
	9 月	234.75	239	1.78%
	10 月	226.75	227	0.11%
	11 月	211.25	202	4.58%
	12 月	180.25	184	2.04%

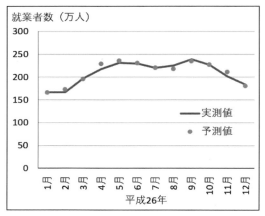

図 9.25 　予測値と実測値

　表 9.11 より、すべての月について相対誤差 5% 以下で予測できており、相対誤差を平均すると 1.97% と低く、よい予測といえます。図 9.25 からも予測値が実測値によく合っていることがわかります。

9.2.4　自己回帰モデルを利用した予測事例

　表 9.12 は、国内製造業の使用電力量の時系列データです。このデータについて自己回帰モデルを利用した近似式を求め、2014 年の使用電力量を予測してみます。

表 9.12 　国内製造業の使用電力量
（総務省統計局―日本の統計、電気事業連合会―電気事業 60 年の統計より）

年	製造業の使用電力量〔百万 kwh〕
1956	32,650
1957	36,866
1958	38,469
1959	46,598
1960	56,161
1961	65,689
1962	67,056
1963	78,121
1964	87,825

表 9.12　国内製造業の使用電力量（つづき）

年	製造業の使用電力量〔百万kwh〕
1965	92,549
1966	104,851
1967	120,404
1968	136,679
1969	158,311
1970	182,297
1971	194,246
1972	212,480
1973	231,133
1974	223,277
1975	217,747
1976	233,504
1977	235,870
1978	238,883
1979	251,866
1980	242,832
1981	232,378
1982	224,078
1983	231,208
1984	243,356
1985	246,599
1986	240,935
1987	251,707
1988	273,053
1989	292,769
1990	311,315
1991	317,727
1992	313,530
1993	309,458
1994	321,910
1995	328,773
1996	337,610
1997	347,340
1998	336,760
1999	343,513
2000	352,478

表 9.12 国内製造業の使用電力量（つづき）

年	製造業の使用電力量〔百万 kwh〕
2001	343,624
2002	350,538
2003	346,950
2004	357,441
2005	358,084
2006	367,133
2007	376,121
2008	348,986
2009	327,087
2010	345,299
2011	334,896
2012	326,223
2013	327,777
2014	?

（1）5 次の自己回帰モデルまで考慮するとして、1961 年以後のデータについて 1〜5 年前のデータを $y_{t-1}, \cdots, y_{t-5}$ として、表 9.13 を作成します。

表 9.13　5 次までの自己回帰モデル用データ

年	使用電力量〔百万 kwh〕	y_{t-1}	y_{t-2}	y_{t-3}	y_{t-4}	y_{t-5}
1961	65,689	56,161	46,598	38,469	36,866	32,650
1962	67,056	65,689	56,161	46,598	38,469	36,866
1963	78,121	67,056	65,689	56,161	46,598	38,469
1964	87,825	78,121	67,056	65,689	56,161	46,598
1965	92,549	87,825	78,121	67,056	65,689	56,161
1966	104,851	92,549	87,825	78,121	67,056	65,689
1967	120,404	104,851	92,549	87,825	78,121	67,056
1968	136,679	120,404	104,851	92,549	87,825	78,121
1969	158,311	136,679	120,404	104,851	92,549	87,825
1970	182,297	158,311	136,679	120,404	104,851	92,549
1971	194,246	182,297	158,311	136,679	120,404	104,851
1972	212,480	194,246	182,297	158,311	136,679	120,404
1973	231,133	212,480	194,246	182,297	158,311	136,679
1974	223,277	231,133	212,480	194,246	182,297	158,311

9.2 重回帰分析による予測事例

表9.13 5次までの自己回帰モデル用データ（つづき）

年	使用電力量〔百万kwh〕	y_{t-1}	y_{t-2}	y_{t-3}	y_{t-4}	y_{t-5}
1975	217,747	223,277	231,133	212,480	194,246	182,297
1976	233,504	217,747	223,277	231,133	212,480	194,246
1977	235,870	233,504	217,747	223,277	231,133	212,480
1978	238,883	235,870	233,504	217,747	223,277	231,133
1979	251,866	238,883	235,870	233,504	217,747	223,277
1980	242,832	251,866	238,883	235,870	233,504	217,747
1981	232,378	242,832	251,866	238,883	235,870	233,504
1982	224,078	232,378	242,832	251,866	238,883	235,870
1983	231,208	224,078	232,378	242,832	251,866	238,883
1984	243,356	231,208	224,078	232,378	242,832	251,866
1985	246,599	243,356	231,208	224,078	232,378	242,832
1986	240,935	246,599	243,356	231,208	224,078	232,378
1987	251,707	240,935	246,599	243,356	231,208	224,078
1988	273,053	251,707	240,935	246,599	243,356	231,208
1989	292,769	273,053	251,707	240,935	246,599	243,356
1990	311,315	292,769	273,053	251,707	240,935	246,599
1991	317,727	311,315	292,769	273,053	251,707	240,935
1992	313,530	317,727	311,315	292,769	273,053	251,707
1993	309,458	313,530	317,727	311,315	292,769	273,053
1994	321,910	309,458	313,530	317,727	311,315	292,769
1995	328,773	321,910	309,458	313,530	317,727	311,315
1996	337,610	328,773	321,910	309,458	313,530	317,727
1997	347,340	337,610	328,773	321,910	309,458	313,530
1998	336,760	347,340	337,610	328,773	321,910	309,458
1999	343,513	336,760	347,340	337,610	328,773	321,910
2000	352,478	343,513	336,760	347,340	337,610	328,773
2001	343,624	352,478	343,513	336,760	347,340	337,610
2002	350,538	343,624	352,478	343,513	336,760	347,340
2003	346,950	350,538	343,624	352,478	343,513	336,760
2004	357,441	346,950	350,538	343,624	352,478	343,513
2005	358,084	357,441	346,950	350,538	343,624	352,478
2006	367,133	358,084	357,441	346,950	350,538	343,624
2007	376,121	367,133	358,084	357,441	346,950	350,538
2008	348,986	376,121	367,133	358,084	357,441	346,950
2009	327,087	348,986	376,121	367,133	358,084	357,441

表9.13 5次までの自己回帰モデル用データ（つづき）

年	使用電力量 〔百万 kwh〕	y_{t-1}	y_{t-2}	y_{t-3}	y_{t-4}	y_{t-5}
2010	345,299	327,087	348,986	376,121	367,133	358,084
2011	334,896	345,299	327,087	348,986	376,121	367,133
2012	326,223	334,896	345,299	327,087	348,986	376,121
2013	327,777	326,223	334,896	345,299	327,087	348,986
2014		327,777	326,223	334,896	345,299	327,087

(2) 2013年までのデータで、$y_{t-1}, \cdots, y_{t-5}$ を説明変数として回帰分析を実行します。実行結果を図9.26に示します。図9.26から5次の自己回帰モデルの近似についての説明変数選択規準 Ru の値を求めると

$$Ru = 1 - (1-R^2) \times \frac{(\text{データ数} + \text{説明変数の個数} + 1)}{(\text{データ数} - \text{説明変数の個数} - 1)}$$

$$= 1 - (1-0.98835) \times \frac{(53+5+1)}{(53-5-1)}$$

$$= 0.985376$$

と求められます。

概要

回帰統計

重相関 R	0.994158
重決定 R2	0.98835
補正 R2	0.987111
標準誤差	10136.59
観測数	53

分散分析表

	自由度	変動	分散	測された分散	有意 F
回帰	5	4.1E+11	8.19E+10	797.492	3.29E-44
残差	47	4.83E+09	1.03E+08		
合計	52	4.15E+11			

	係数	標準誤差	t	P-値	下限 95%	上限 95%
切片	13910.87	4899.999	2.838953	0.006665	4053.342	23768.4
yt-1	1.270178	0.144116	8.813577	1.6E-11	0.980254	1.560102
yt-2	-0.54783	0.225514	-2.42925	0.019007	-1.00151	-0.09415
yt-3	0.533608	0.228178	2.338565	0.023663	0.074574	0.992642
yt-4	-0.44681	0.235286	-1.899	0.063712	-0.92014	0.026526
yt-5	0.151667	0.144319	1.050913	0.298672	-0.13867	0.442

図9.26 回帰分析実行結果

(3) 同様に、説明変数の数を変えて回帰分析を実行し、4次〜1次の自己回帰モデルの近似についての Ru の値を求めます。求めた Ru の値をまとめると表 9.14 のようになります。

表 9.14 自己回帰モデルの次数と Ru の値

次数	説明変数の数	R^2	Ru
1次	1	0.986358	0.985288
2次	2	0.986955	0.985389
3次	3	0.987272	0.985194
4次	4	0.988077	0.985593
5次	5	0.98835	0.985376

(4) 4次の自己回帰モデルを利用した近似の Ru が最大となりました。最適な回帰式は、$y_{t-1}, \cdots, y_{t-4}$ を説明変数として実行した4次の自己回帰モデルの回帰分析結果（図 9.27）から

$$y_t = 13078.18 + 1.230838 y_{t-1} - 0.48207 y_{t-2} + 0.458486 y_{t-3} - 0.24504 y_{t-4}$$

と求められます。

概要

回帰統計	
重相関 R	0.99402
重決定 R2	0.988077
補正 R2	0.987083
標準誤差	10147.61
観測数	53

分散分析表

	自由度	変動	分散	判された分散	有意 F
回帰	4	4.1E+11	1.02E+11	994.4256	1.68E-45
残差	48	4.94E+09	1.03E+08		
合計	52	4.15E+11			

	係数	標準誤差	t	P-値	下限 95%	上限 95%
切片	13078.18	4840.768	2.701674	0.009507	3345.16	22811.19
yt-1	1.230838	0.139321	8.834568	1.24E-11	0.950715	1.510961
yt-2	-0.48207	0.216894	-2.2226	0.030988	-0.91816	-0.04597
yt-3	0.458486	0.216927	2.113548	0.039777	0.022325	0.894647
yt-4	-0.24504	0.136153	-1.79973	0.078191	-0.51879	0.028716

図 9.27 $y_{t-1}, \cdots, y_{t-4}$ を説明変数として実行した回帰分析結果

第 9 章　重回帰分析による予測

求められた回帰式から、2014 年の電力量 y_t を予測してみましょう。$y_{t-1}, \cdots, y_{t-4}$ に代入するデータは、2013 年〜 2010 年のデータになるので

$$
\begin{aligned}
y_t &= 13078.18 + 1.230838 \times 327777 - 0.48207 \times 326223 \\
&\quad + 0.458486 \times 334896 - 0.24504 \times 345299 \\
&= 328190.7 \,〔百万\ \mathrm{kwh}〕
\end{aligned}
$$

と求められます。2014 年の実測値は、323,404〔百万 kwh〕でしたので、相対誤差は 1.48% です。よい予測ができました。

$$
\begin{aligned}
相対誤差 &= \left| \frac{予測値 - 実際の値}{実際の値} \right| \\
&= \left| \frac{328190.7 - 323404}{323404} \right| \\
&= 1.48 \,〔\%〕
\end{aligned}
$$

まとめ

- 重回帰式を利用して行うことのできる近似手法は次の 4 つがあります。
  - (1) 重回帰式による近似
  - (2) 多項式による近似
  - (3) 自己回帰式による近似
  - (4) 数量化理論 I 類による近似
- 重回帰式を求める方法には Excel の分析ツールの「回帰分析」を利用するほかに、LINEST 関数を利用してコンパクトに回帰分析結果を求める方法があります。
- 多項式近似の実施には、Excel の散布図を利用する方法が最も手軽な方法です。ただし、最適な近似式の次数が高い場合、散布図に表示される近似式では係数の精度が不足する場合があります。
- 重回帰分析と数量化理論 I 類を混合した分析によって、傾向変動と季節変動を合わせた時系列予測が可能となります。

▶ 参考文献

- 『Excelで学ぶ回帰分析入門』上田太一郎・小林真紀・渕上美喜 共著、オーム社
- 『データマイニング事例集』上田太一郎 著、共立出版
- 「経産省HP―特定サービス産業動態統計調査―長期データ」
  http://www.meti.go.jp/statistics/tyo/tokusabido/result/result_1.html
- 「総務省統計局HP―労働力調査―長期時系列データ」
  http://www.stat.go.jp/data/roudou/longtime/03roudou.htm#hyo_1
- 「総務省統計居HP―日本の統計―第11章　エネルギー・水」
  http://www.stat.go.jp/data/nihon/11.htm
- 「総務省統計居HP―日本の長期統計系列―第10章　エネルギー・水」
  http://www.stat.go.jp/data/chouki/10.htm
- 「電気事業連合会HP―電気事業60年の統計」
  http://www.fepc.or.jp/library/data/60tokei/

・本章では、成長曲線による時系列予測事例を紹介します。

10.1 プログラムのバグ累計の予測事例

　新しく開発したソフトウェアのプログラムについて、その動作試験を実施すると、不具合部分がバグとなって現れます。このバグを修正（デバッグ）することによってプログラムが完成していきます。

　第4章でも述べたように、発生するバグの累計がゴンペルツ曲線に適合することが知られています。本節では、ゴンペルツ曲線によるバグ数の時系列予測事例を紹介します。

　表10.1は、あるプログラム開発プロジェクトのソフトウェア試験におけるバグの累計です。このデータをもとに、ゴンペルツ曲線によるバグの発生を予測します。成長曲線による予測は、少ないデータからでもかなり先まで予測することができます。

第10章 成長曲線による予測

表 10.1 経過週とバグ累計

経過週	バグ累計
0	0
1	3
2	10
3	55
4	80
5	181
6	245

ゴンペルツ曲線は、次の一般式で表されます。

$$y = a \cdot \exp(-b \cdot c^x)$$

予測する手順は、第 4 章 4.4 節と同様です。次のような手順で Excel のソルバーを利用して、ゴンペルツ曲線のパラメーター a, b, c を決定します。

(1) 図 10.1 のようなワークシートを作成します。パラメーター a, b, c の値は、初期値として $a = 1000, b = 1000, c = 0.5$ としておきます。

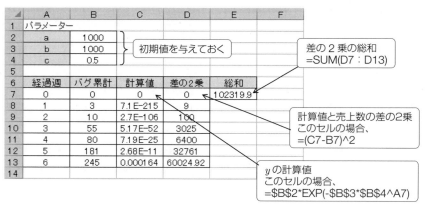

図 10.1　ワークシート

(注) 図 10.1 の 7.1E−215 という表示は 7.1×10^{-215} の意味。Excel では本来 0 と表示されるべき数値が、このように表示されることがある。

(2) この状態でソルバーを実行します。Excelの［データ］タブの［ソルバー］ボタンをクリックし、表示される［ソルバーのパラメーター］ウィンドウで、図10.2のように設定します。パラメーターはすべて正の値になるので、［制約のない変数を非負数にする］にチェックを入れておきます。

図10.2　ソルバーのパラメーター設定

(3) ［解決］ボタンをクリックしてソルバーを開始すると［ソルバーの結果］ウィンドウが表示され「ソルバーによって現在の解に収束されました。すべての制約条件を満たしています。」と表示されるので［OK］ボタンをクリックします（図10.3）。

第10章 成長曲線による予測

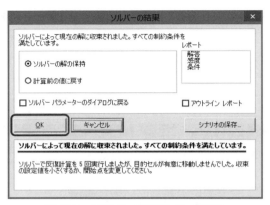

図10.3 ［ソルバーの結果］ウィンドウ

(4) このときワークシートの数値は、図10.4のようにソルバーの計算結果に変わっています。

図10.4 ソルバーの実行結果

図10.4で示されている a, b, c の値が、ソルバーによって決定されたパラメーターの値です。この結果、$a = 568.8038$, $b = 8.0472$, $c = 0.684731$ と求められました。

図10.5のように、この表を縦方向に延長して計算値を求め、このプロジェクトのバグの発生を予測します。

10.1 プログラムのバグ累計の予測事例

	A	B	C	D	E	F
1	パラメーター					
2	a	568.8038				
3	b	8.0472				
4	c	0.684731				
5						
6	経過週	バグ累計	計算値	差の2乗	総和	
7	0	0	0.182015	0.03313	588.2806	
8	1	3	2.301055	0.488524		
9	2	10	13.07304	9.443605		
10	3	55	42.95087	145.1816		
11	4	80	96.98414	288.4609		
12	5	181	169.3986	134.5928		
13	6	245	248.1749	10.08001		
14	7		322.3437	103905.5		
15	8		385.5477	148647.1		
16	9		435.835	189952.2		
17	10		474.0017	224677.7		
18	11		502.0463	252050.4		
19	12		522.2004	272693.3		
20	13		536.4653	287795.1		
21	14		546.4571	298615.3		
22	15		553.4059	306258.1		
23	16		558.2148	311603.8		
24	17		561.5317	315317.9		
25	18		563.8143	317886.6		
26	19		565.3826	319657.5		
27	20		566.459	320875.7		
28	21		567.1972	321712.6		
29	22		567.7032	322286.9		
30	23		568.0499	322680.7		
31	24		568.2875	322950.7		
32	25		568.4502	323135.6		
33	26		568.5617	323262.4		
34	27		568.638	323349.2		
35	28		568.6902	323408.6		
36	29		568.726	323449.3		
37	30		568.7505	323477.2		
38						

図 10.5　ゴンペルツ曲線による予測

この結果をグラフ化すると、図 10.6 のようなゴンペルツ曲線が得られます。

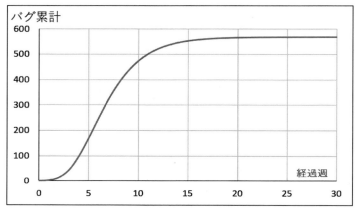

図 10.6　ゴンペルツ曲線

この結果、バグ発生は 20 週経過後に約 570 件程度で収束すると予測できました。

ここで注意しなければならないことは、この結果を信じすぎないことです。経験的にプログラムのバグ累計は、ゴンペルツ曲線による予測によく適合するので、この予測が大きく外れる可能性は低いかもしれません。しかし現実のプロジェクトは、さまざまな外的・内的要因の影響を受けます。常に最新の進捗データによって予測を更新し、正しい結果に近づけていくことが現実的な運用といえます。

次の事例は、そのような予測の更新を実施した事例です。

10.2 セミナーの受講申込数の予測事例

第4章4.4節で示したようにゴンペルツ曲線によって、あるセミナーの受講申込者数は、申込期限の9月15日までで約30人になると予測されました（図10.7、図10.8）。

	A	B	C	D	E	F
1	パラメーター					
2	a	30.71692				
3	b	7.695529				
4	c	0.921944				
5						
6	日付	経過日数	申込累計	計算値	差の2乗	総和
7	7月11日	0	0	0.013972	0.000195	33.66361
8	7月12日	1	1	0.025476	0.949698	
9	7月13日	2	2	0.044324	3.82467	
10	7月19日	8	3	0.553255	5.98656	
11	7月24日	13	4	2.115646	3.550791	
12	7月31日	20	5	6.753797	3.075804	
13	8月1日	21	6	7.601435	2.564593	
14	8月2日	22	7	8.476863	2.181123	
15	8月3日	23	8	9.373021	1.885186	
16	8月4日	24	12	10.282940	2.948295	
17	8月7日	27	13	13.030084	0.000905	
18	8月8日	28	14	13.932134	0.004606	
19	8月9日	29	16	14.819002	1.394757	
20	8月10日	30	17	15.686580	1.725073	
21	8月11日	31	18	16.531371	2.156872	
22	8月17日	37	20	20.996506	0.993023	
23	8月18日	38	21	21.629390	0.396131	
24	8月22日	42	24	23.840852	0.025328	
25	8月26日	46		25.577958		
26	8月30日	50		26.911195		
27	9月3日	54		27.917450		
28	9月7日	58		28.667768		
29	9月11日	62		29.222364		
30	9月15日	66		29.629705		
31						

図10.7　セミナー申込者数の予測①（図4.20再掲）

第 10 章　成長曲線による予測

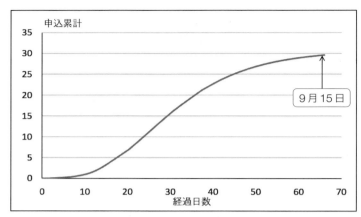

図 10.8　セミナー申込者数の予測②（図 4.21 再掲）

　運営にあたって、このセミナーを実施するための最適な部屋を用意しなくてはなりません。定員 30 名までの部屋を用意したとすると、もし申込者数がそれより多くなれば大きな部屋を手配しなおす必要があります。申込者数が少ないのに初めから大きい部屋を用意すると無駄な費用が発生するので避けたいものです。

　この時点での予測結果からは、大きな部屋を用意する必要はないという判断ができました。

　ところが、この直後の 3 日間で予測以上の申込みがありました（図 10.9、図 10.10）。

10.2 セミナーの受講申込数の予測事例

	A	B	C	D	E	F	G
1	パラメーター						
2	a	30.71692					
3	b	7.695529					
4	c	0.921944					
5							
6	日付	経過日数	申込累計	計算値	差の2乗	総和	
7	7月11日	0	0	0.013972	0.000195	33.66361	
8	7月12日	1	1	0.025476	0.949698		
9	7月13日	2	2	0.044324	3.82467		
10	7月19日	8	3	0.553255	5.98656		
11	7月24日	13	4	2.115646	3.550791		
12	7月31日	20	5	6.753797	3.075804		
13	8月1日	21	6	7.601435	2.564593		
14	8月2日	22	7	8.476863	2.181123		
15	8月3日	23	8	9.373021	1.885186		
16	8月4日	24	12	10.282940	2.948295		
17	8月7日	27	13	13.030084	0.000905		
18	8月8日	28	14	13.932134	0.004606		
19	8月9日	29	16	14.819002	1.394757		
20	8月10日	30	17	15.686580	1.725073		
21	8月11日	31	18	16.531371	2.156872		
22	8月17日	37	20	20.996506	0.993023		
23	8月18日	38	21	21.629390	0.396131		
24	8月22日	42	24	23.840852	0.025328		
25	8月23日	43	25	24.317128			
26	8月24日	44	27	24.764654	予測以上の申込み		
27	8月25日	45	29	25.184541			
28	8月26日	46		25.577958			
29	8月30日	50		26.911195			
30	9月3日	54		27.917450			
31	9月7日	58		28.667768			
32	9月11日	62		29.222364			
33	9月15日	66		29.629705			

図10.9 予測より多い申込者数①

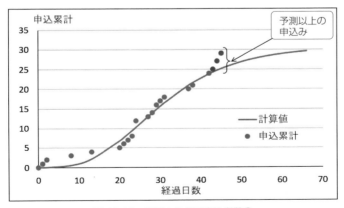

図10.10 予測より多い申込者数②

第 10 章 成長曲線による予測

新しい申込者数を含めてシートを修正し、ソルバーを実行しなおした結果を図 10.11、図 10.12 に示します。

	A	B	C	D	E	F	G
1	パラメーター						
2	a	42.77137					
3	b	5.408447					
4	c	0.94613					
5							
6	日付	経過日数	申込累計	計算値	差の2乗	総和	
7	7月11日	0	0	0.191555	0.036693	40.12638	
8	7月12日	1	1	0.256347	0.55302		
9	7月13日	2	2	0.337711	2.763203		
10	7月19日	8	3	1.327219	2.798196		
11	7月24日	13	4	3.074033	0.857416		
12	7月31日	20	5	7.163728	4.681718		
13	8月1日	21	6	7.887570	3.562922		
14	8月2日	22	7	8.639636	2.688405		
15	8月3日	23	8	9.417094	2.008156		
16	8月4日	24	12	10.216979	3.179166		
17	8月7日	27	13	12.720400	0.078176		
18	8月8日	28	14	13.579124	0.177137		
19	8月9日	29	16	14.444894	2.418354		
20	8月10日	30	17	15.314787	2.839943		
21	8月11日	31	18	16.185996	3.290611		
22	8月17日	37	20	21.302993	1.697792		
23	8月18日	38	21	22.118103	1.250154		
24	8月22日	42	24	25.214636	1.47534		
25	8月23日	43	25	25.942748	0.888774		
26	8月24日	44	27	26.650984	0.121812		
27	8月25日	45	29	27.338858	2.759392		
28	8月26日	46		28.006015			
29	8月30日	50		30.464223			
30	9月3日	54		32.588857			
31	9月7日	58		34.397812			
32	9月11日	62		35.919558			
33	9月15日	66		37.187401			
34							

総和の範囲を拡大
=SUM(E7：E27)

差の2乗の計算セルを追加

図 10.11　予測しなおしたゴンペルツ曲線①

まとめ

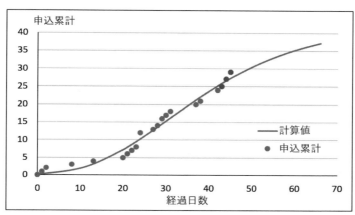

図 10.12　予測しなおしたゴンペルツ曲線②

　この結果、締め切りまでの申込者数の予測が 37 名となったため、このセミナーは大きな部屋に変更することとなりました。結果的に、締め切りまでに 35 名の申込みがあり、申込者すべてを収容できる部屋で受講してもらうことができたのです。

　このように、成長曲線を利用した予測では、最新のデータによって予測を更新することが非常に重要です。当初の予測値を鵜呑みにせず、経過にしたがって予測値を求めなおすようにしてください。

まとめ

- ゴンペルツ曲線による予測は、プログラムのバグの累計によく適合するといわれています。
- 成長曲線による予測には、少ないデータで、かなり先までの予測ができるという特徴があります。
- 成長曲線による予測結果を信じすぎないよう注意が必要です。成長曲線による予測には、常に最新のデータによって予測しなおし、正しい結果に近づけていくことが求められます。
- セミナー申込者数の事例のように実績値が予測を外れても、最新のデータによって予測値を更新することで、大きな誤差を避けることができます。

第 10 章　成長曲線による予測

▶ 参考文献

- 『新版 Excel でできるデータマイニング入門』上田太一郎 著、同友館
- 『Excel でできるデータマイニング演習』上田太一郎 著、同友館

第11章
最近隣法による予測

本章では、最近隣法による時系列予測事例を紹介します。

11.1 市場の需要額の予測事例

　流通・小売業では市場の需要を把握し、その変化を予測することが欠かせません。市場のトレンドから需要の変化を的確に予測することが、最大の収益につながるからです。

　食品や衣料、家電品などの需要は、ボーナスやバーゲン、夏休みなどのさまざまな季節変動の影響を受けて変化します。このように、あるルールにしたがった原因が影響するようなデータの予測には、最近隣法による予測が有効です。

　表11.1、図11.1は、総務省家計調査から得られた毎月1世帯あたりの果物の消費額の時系列データです。8月、12月、3月にピークを持つ季節変動が見られます。2015年12月までのデータを用いて、最近隣法によって2016年1月の消費額を予測してみます。

第 11 章　最近隣法による予測

表 11.1　1 世帯あたりの果物の消費額

（総務省統計局―家計調査より）

年月	消費額〔円〕
2013 年 4 月	2,343
2013 年 5 月	2,364
2013 年 6 月	2,356
2013 年 7 月	2,646
2013 年 8 月	2,972
2013 年 9 月	2,823
2013 年 10 月	2,715
2013 年 11 月	2,495
2013 年 12 月	3,024
2014 年 1 月	2,405
2014 年 2 月	2,476
2014 年 3 月	2,674
2014 年 4 月	2,370
2014 年 5 月	2,516
2014 年 6 月	2,490
2014 年 7 月	2,567
2014 年 8 月	2,950
2014 年 9 月	2,863
2014 年 10 月	2,812
2014 年 11 月	2,507
2014 年 12 月	3,041
2015 年 1 月	2,469
2015 年 2 月	2,569
2015 年 3 月	2,831
2015 年 4 月	2,538
2015 年 5 月	2,575
2015 年 6 月	2,622
2015 年 7 月	2,739
2015 年 8 月	3,115
2015 年 9 月	2,942
2015 年 10 月	2,905
2015 年 11 月	2,602
2015 年 12 月	3,155
2016 年 1 月	？

11.1 市場の需要額の予測事例

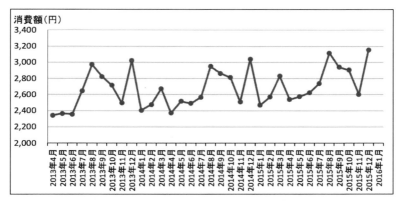

図 11.1　1世帯あたりの果物の消費額の推移

最近隣法の予測の実施には、第 6 章 6.4 節で紹介した計算シートの利用が最も手軽で便利です。計算シートの行数を今回のデータに合わせて変更し、列 B と列 C に表 11.1 のデータを入力します（図 11.2）。

	A	B	C	D	E	F	G	H	I	J
1	t	年月	消費額(円)	y_{t-1}	y_{t-2}	距離の自乗	距離	距離の逆数	重み	データ×重み
2	1	2013年4月	2343							
3	2	2013年5月	2364	2,343						
4	3	2013年6月	2356	2,364	2,343	692,762	832.32	0	0	0
5	4	2013年7月	2646	2,356	2,364	695,045	833.69	0	0	0
6	5	2013年8月	2972	2,646	2,356	319,597	565.33	0	0	0
7	6	2013年9月	2823	2,972	2,646	35,425	188.22	0.005313064	0.1784157	503.6674419
8	7	2013年10月	2715	2,823	2,972	247,124	497.12	0	0	0
9	8	2013年11月	2495	2,715	2,823	242,441	492.38	0	0	0
10	9	2013年12月	3024	2,495	2,715	448,369	669.60	0	0	0
11	10	2014年1月	2405	3,024	2,495	28,610	169.14	0.00591209	0.1985313	477.467792
12	11	2014年2月	2476	2,405	3,024	740,584	860.57	0	0	0
13	12	2014年3月	2674	2,476	2,405	499,850	707.00	0	0	0
14	13	2014年4月	2370	2,674	2,476	247,237	497.23	0	0	0
15	14	2014年5月	2516	2,370	2,674	621,409	788.29	0	0	0
16	15	2014年6月	2490	2,516	2,370	462,145	679.81	0	0	0
17	16	2014年7月	2567	2,490	2,516	449,621	670.54	0	0	0
18	17	2014年8月	2950	2,567	2,490	358,288	598.57	0	0	0
19	18	2014年9月	2863	2,950	2,567	43,250	207.97	0.00480847	0.1614711	462.2918334
20	19	2014年10月	2812	2,863	2,950	206,368	454.28	0	0	0
21	20	2014年11月	2507	2,812	2,863	185,770	431.01	0	0	0
22	21	2014年12月	3041	2,507	2,812	464,004	681.18	0	0	0
23	22	2015年1月	2469	3,041	2,507	22,021	148.39	0.006738783	0.2262921	558.7152183
24	23	2015年2月	2569	2,469	3,041	663,317	814.44	0	0	0
25	24	2015年3月	2831	2,569	2,469	361,085	600.90	0	0	0
26	25	2015年4月	2538	2,831	2,569	106,065	325.68	0	0	0
27	26	2015年5月	2575	2,538	2,831	433,130	658.13	0	0	0
28	27	2015年6月	2622	2,575	2,538	340,496	583.52	0	0	0
29	28	2015年7月	2739	2,622	2,575	284,818	533.68	0	0	0
30	29	2015年8月	3115	2,739	2,622	173,456	416.48	0	0	0
31	30	2015年9月	2942	3,115	2,739	20,369	142.72	0.007006726	0.2352898	692.2225513
32	31	2015年10月	2905	2,942	3,115	308,538	555.46	0	0	0
33	32	2015年11月	2602	2,905	2,942	178,100	422.02	0	0	0
34	33	2015年12月	3155	2,602	2,905	397,618	630.57	0	0	0
35	34	2016年1月	2831	3,155	2,602				予測値	2694.4
36										
37										
38						最小の距離	142.72	距離の逆数和	相対誤差	
39						↑×黄金比	231.21	0.029779134	4.83%	

図 11.2　最近隣法の計算シートによる予測結果

第 11 章　最近隣法による予測

　計算シートにデータを入力し、追加した行に列 D 〜 J の計算式をコピーすると、$t=3$ から $t=33$ までの距離が計算されます。ここで、最小の距離 142.72 × 黄金比 1.62 ＝ 231.21 が重み付けに用いる距離の上限値となり、それよりも小さい距離の重みデータが抽出され、予測値が自動的に求められます。

　ここでは、$t=6, 10, 18, 22, 30$ の 5 つの時点の距離が、予測する時点 $t=34$ に近いと判断されました。つまり、これらの時点でのデータに至る経緯が、2016 年 1 月に至るまでの傾向と類似しているということです。

　抽出された 5 つの時点の距離の逆数を計算すると、それらの構成比が重みになります。5 つの時点のデータと重みの積を合計することで、予測値 2,694.4 円が求まっています。

　2016 年 1 月の実データは、2,831 円でしたので、最近隣法による予測値 2,694.4 円の相対誤差は

$$相対誤差 = \left| \frac{予測値 - 実際の値}{実際の値} \right|$$
$$= \left| \frac{2694.4 - 2831}{2831} \right|$$
$$= 4.83 \; [\%]$$

となりました。悪くない予測結果といえそうです。

11.2 商品Aの販売点数の予測事例

表11.2は、あるスーパーでの商品Aの販売点数の時系列データです。6月8日（月）から6月26日（金）まで実データがあります。このデータから6月27日（土）の販売点数を予測し、商品Aを発注します。グラフ（図11.3）を見ると、この商品は土日によく売れているようなので、このことも考慮して発注数を決定する必要があります。

このような予測にも、最近隣法による予測が有効です。では、このデータから6月27日（土）の販売点数を予測してみましょう。

表11.2 商品Aの販売点数

日付	販売点数
6月8日（月）	190
6月9日（火）	205
6月10日（水）	234
6月11日（木）	206
6月12日（金）	215
6月13日（土）	520
6月14日（日）	665
6月15日（月）	248
6月16日（火）	174
6月17日（水）	240
6月18日（木）	225
6月19日（金）	209
6月20日（土）	551
6月21日（日）	610
6月22日（月）	277
6月23日（火）	206
6月24日（水）	225
6月25日（木）	204
6月26日（金）	209
6月27日（土）	?

第 11 章　最近隣法による予測

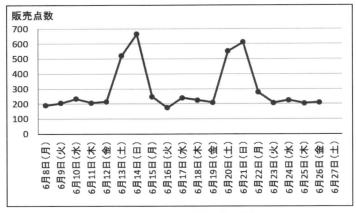

図 11.3　商品 A の販売点数の推移

　計算シートにデータを入力すると、$t=3$ から $t=19$ までの距離が計算されます。ここで、最小の距離 $6.32 \times$ 黄金比 $1.62 = 10.25$ が重み付けに用いる距離の上限値となり、それよりも小さい距離の重みデータが抽出され、予測値が自動的に求められます。

　ここでは、$t=6$ の時点の距離のみが、予測する時点 $t=20$ に近いと判断されました。これは、6 月 13 日（土）のデータに至る経緯が、6 月 27 日（土）に至るまでの傾向と酷似していたということです。したがって、$t=6$ の時点のデータ 520 が $t=20$ の予測値となります（図 11.4、図 11.5）。

11.2 商品Aの販売点数の予測事例

	A	B	C	D	E	F	G	H	I	J
1	t	日付	販売点数	y_{t-1}	y_{t-2}	距離の自乗	距離	距離の逆数	重み	データ×重み
2	1	6月8日(月)	190							
3	2	6月9日(火)	205	190						
4	3	6月10日(水)	234	205	190	212	14.56	0	0	0
5	4	6月11日(木)	206	234	205	626	25.02	0	0	0
6	5	6月12日(金)	215	206	234	909	30.15	0	0	0
7	6	6月13日(土)	520	215	206	40	6.32	0.158113883	1	520
8	7	6月14日(日)	665	520	215	96,842	311.19	0	0	0
9	8	6月15日(月)	248	665	520	307,792	554.79	0	0	0
10	9	6月16日(火)	174	248	665	214,042	462.65	0	0	0
11	10	6月17日(水)	240	174	248	3,161	56.22	0	0	0
12	11	6月18日(木)	225	240	174	1,861	43.14	0	0	0
13	12	6月19日(金)	209	225	240	1,552	39.40	0	0	0
14	13	6月20日(土)	551	209	225	441	21.00	0	0	0
15	14	6月21日(日)	610	551	209	116,989	342.04	0	0	0
16	15	6月22日(月)	277	610	551	281,210	530.29	0	0	0
17	16	6月23日(火)	206	277	610	169,460	411.66	0	0	0
18	17	6月24日(水)	225	206	277	5,338	73.06	0	0	0
19	18	6月25日(木)	204	225	206	260	16.12	0	0	0
20	19	6月26日(金)	209	204	225	466	21.59	0	0	0
21	20	6月27日(土)	560	209	204				予測値	520.0
22										
23										
24						最小の距離	6.32	距離の逆数和		相対誤差
25						↑×黄金比	10.25	0.158113883		7.14%
26										

図 11.4 最近隣法の計算シートによる予測結果

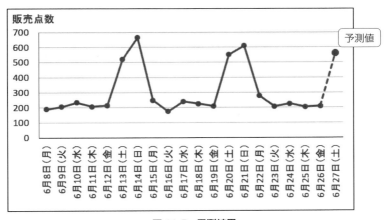

図 11.5 予測結果

したがって予測値は、2週間前の土曜日と同じ値になったわけです。6月27日（土）の実際の販売点数は560だったので、予測値の相対誤差は

$$相対誤差 = \left|\frac{予測値 - 実際の値}{実際の値}\right|$$

$$= \left|\frac{520 - 560}{560}\right|$$

$$= 7.14 \ [\%]$$

となりました。

このように最近隣法は、過去の類似した傾向を見つけ出し、その傾向から予測値を求めます。このため、周期的なパターンに従う傾向を持つようなデータの予測にも、最近隣法は有効な手法といえます。

まとめ

- 最近隣法による予測事例として、季節変動を受ける家計の消費額と、毎週末に販売数の増加する商品の販売点数の予測を取り上げました。最近隣法はこのように、なんらかのルールやパターンにしたがって影響を受けるデータの予測に有効な手法といえます。
- 最近隣法による予測の実施には、Excelの計算シートを利用することが、最も手軽で便利な方法です。

▶ 参考文献

- 「総務省統計局 HP—家計調査—月次データ」
  http://www.e-stat.go.jp/SG1/estat/

第12章 灰色理論による予測

本章では、灰色理論による時系列予測事例を紹介します。

12.1 ショッピングセンターのテナント賃料の予測事例

　ショッピングセンターのデベロッパー（開発業者）における収入は、テナントの家賃収入（賃料）です。一般にテナントの賃料は、その店の売上に応じた歩合をもとに決められています。テナントの売上が落ちて賃料が下がれば、デベロッパーはテナントの入れ替えを検討しなければなりません。先を見越した意思決定のためには、時系列データから賃料を予測することも必要となります。

　表12.1は、あるテナントの年間賃料の推移です。グラフ（図12.1）から年間の売上に応じて賃料が変化している様子がわかります。このデータから灰色予測によって2015年度の年間賃料を予測してみます。

第 12 章 灰色理論による予測

表 12.1 あるテナントの年間賃料

年度	賃料〔千円〕
2009	5,724
2010	5,268
2011	3,444
2012	5,172
2013	4,212
2014	4,632
2015	?

図 12.1 あるテナントの年間賃料の推移

(1) 図 12.2 のように灰色予測に使用する累積値や数値 X を、第 7 章 7.2 節と同様に求めます。累積値は賃料の累計として求め、数値 X は累積値と 1 つ前の時点の累積値の平均値に「−」を付けた値として求められます。

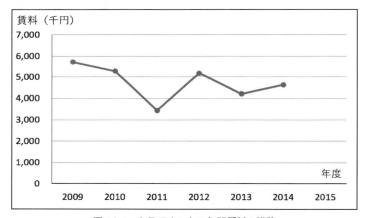

	A	B	C	D	E	F
1	t	年度	賃料(千円)	累積値x	X	
2	1	2009	5,724	5724		
3	2	2010	5,268	10992	−8358	←=−AVERAGE(D2:D3)と入力
4	3	2011	3,444	14436	−12714	
5	4	2012	5,172	19608	−17022	
6	5	2013	4,212	23820	−21714	
7	6	2014	4,632	28452	−26136	
8	7	2015				

図 12.2 累積値と数値 X の算出

(2) 賃料を y として数値 X との単回帰分析を実施して単回帰式 $y = aX + u$ を求め、灰色予測のパラメーター a と u を求めます。単回帰分析を実施する方法はどの方法でもかまいません。ここでは単回帰分析をコンパクトに実施できる LINEST 関数を利用して求めてみます。

任意のセル(ここでは G3)に $=$ LINEST(C3 : C7, E3 : E7, 1) と入力すると、a の値 0.011538 が求められます(図 12.3)。

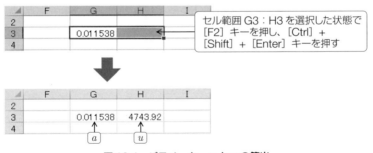

	A	B	C	D	E	F	G	H	I
1	t	年度	賃料(千円)	累積値x	X				
2	1	2009	5,724	5724					
3	2	2010	5,268	10992	−8358		=LINEST(C3:C7,E3:E7,1)		
4	3	2011	3,444	14436	−12714				
5	4	2012	5,172	19608	−17022				
6	5	2013	4,212	23820	−21714		0.011538		
7	6	2014	4,632	28452	−26136				
8	7	2015							
9									

図 12.3　LINEST 関数の入力

(3) 続けて、右隣のセルを含めたセル範囲(G3：H3)を選択して、[F2] キーを押してセルを編集できる状態としてから、[Ctrl] + [Shift] + [Enter] キーを押すと、u の値 4743.92 が求められます(図 12.4)。

図 12.4　パラメーター a と u の算出

(4) 次のように、灰色予測の累積予測値 $x(t+1)$ を求める式が求められます。

$$P = x(1) - \frac{u}{a} = 5724 - \frac{4743.92}{0.011538} = -405442$$

$$Q = -a = -0.011538$$

$$R = \frac{u}{a} = \frac{4743.92}{0.011538} = 411166$$

より

$$x(t+1) = Pe^{Qt} + R$$
$$= -405442e^{-0.011538t} + 411166$$

(5) これより、図 12.5 のように $t=2, \cdots, 7$ での累積予測値が求められ、隣り合う累積予測値の差をとって $t=3, \cdots, 7$ の予測値が求められます。

	A	B	C	D	E	F	G
1	t	年度	賃料（千円）	累積値x	X	累積予測値	予測値
2	1	2009	5,724	5724			
3	2	2010	5,268	10992	-8358	10375.00	
4	3	2011	3,444	14436	-12714	14972.64	4597.64
5	4	2012	5,172	19608	-17022	19517.54	4544.90
6	5	2013	4,212	23820	-21714	24010.30	4492.76
7	6	2014	4,632	28452	-26136	28451.53	4441.23
8	7	2015	4,416			32841.80	4390.28

図 12.5　予測値の算出

$t=7$ 時点の 2015 年度の予測値は 4,390.28 千円と求められました。賃料としては、大きく減少することはないと予測されましたので、このテナントに対しては、退店交渉をするのではなく売上アップの指導を行うことにしました。

実際の 2015 年度の賃料は 4,416 千円でした。予測値の相対誤差は

$$相対誤差 = \left| \frac{予測値 - 実際の値}{実際の値} \right|$$
$$= \left| \frac{4390.28 - 4416}{4416} \right|$$
$$= 0.58 \ [\%]$$

となりました。かなりよい予測だったことがわかります。

同様に他のテナントの賃料を予測し、それぞれのテナントに対する対応を決定することでショッピングセンター全体の業績アップにつなげることができそうです。

12.2 ある量販店の来期の売上予測事例

　ある量販店の来期の予算を策定するうえで、売上予測を実施する事例を紹介します。予算の策定には、事業活動におけるさまざまな費用を考慮しなければなりませんが、まずは実入りとなる売上額の予測が重要です。過去の売上の推移から次期売上を予測して予算の基準を設定します。

　表12.2、図12.6は、ある量販店の年間売上額の推移です。2006年度から2014年度までのデータから2015年度の売上額を灰色理論で予測します。

表12.2　ある量販店の年間売上額

年度	売上額〔億円〕
2006	2,004
2007	2,141
2008	2,374
2009	2,337
2010	2,279
2011	2,335
2012	2,238
2013	2,124
2014	2,303
2015	?

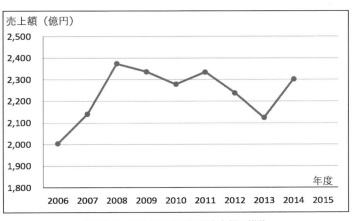

図12.6　ある量販店の年間売上額の推移

第 12 章　灰色理論による予測

(1) 図 12.7 のように灰色予測に使用する累積値や数値 X を、第 7 章 7.2 節と同様に求めます。累積値は売上額の累計として求め、数値 X は累積値と 1 つ前の時点の累積値の平均値に「−」を付けた値として求められます。

	A	B	C	D	E	F
1	t	年度	売上額(億円)	累積値x	X	
2	1	2006	2,004	2004		
3	2	2007	2,141	4145	−3074.5	
4	3	2008	2,374	6519	−5332	
5	4	2009	2,337	8856	−7687.5	
6	5	2010	2,279	11135	−9995.5	
7	6	2011	2,335	13470	−12302.5	
8	7	2012	2,238	15708	−14589	
9	8	2013	2,124	17832	−16770	
10	9	2014	2,303	20135	−18983.5	
11	10	2015				
12						

図 12.7　累積値と数値 X の算出

(2) 売上額を y として数値 X との単回帰分析を実施して単回帰式 $y = aX + u$ を求め、灰色予測のパラメーター a と u を求めます。単回帰分析を実施する方法はどの方法でもかまいません。ここでは LINEST 関数を利用して求めます。

任意のセル（ここでは G3）に =LINEST(C3：C10, E3：E10, 1) と入力すると、a の値 0.001852 が求められます（図 12.8）。

	A	B	C	D	E	F	G	H	I
1	t	年度	売上額(億円)	累積値x	X				
2	1	2006	2,004	2004					
3	2	2007	2,141	4145	−3074.5		=LINEST(C3:C10,E3:E10,1)		
4	3	2008	2,374	6519	−5332				
5	4	2009	2,337	8856	−7687.5				
6	5	2010	2,279	11135	−9995.5		0.001852		
7	6	2011	2,335	13470	−12302.5				
8	7	2012	2,238	15708	−14589				
9	8	2013	2,124	17832	−16770				
10	9	2014	2,303	20135	−18983.5				
11	10	2015							
12									

図 12.8　LINEST 関数の入力

(3) 続けて、右隣のセルを含めたセル範囲（G3：H3）を選択して、[F2]キーを押してセルを編集できる状態としてから、[Ctrl] + [Shift] + [Enter] キーを押すと、u の値 2286.915 が求められます（図 12.9）。

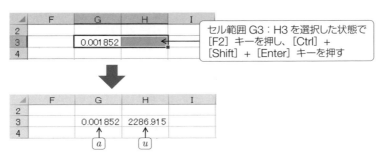

図 12.9　パラメーター a と u の算出

(4) 灰色予測の累積予測値 $x(t+1)$ を求める式が、次のように求められます。

$$P = x(1) - \frac{u}{a} = 2004 - \frac{2286.915}{0.001852} = -1232957$$

$$Q = -a = -0.001852$$

$$R = \frac{u}{a} = \frac{2286.915}{0.001852} = 1234961$$

より

$$x(t+1) = Pe^{Qt} + R$$
$$= -1232957e^{-0.001852t} + 1234961$$

(5) これより、図 12.10 のように $t = 2, \cdots, 10$ での累積予測値が求められ、隣り合う累積予測値の差をとって $t = 3, \cdots, 10$ の予測値が求められます。

第 12 章　灰色理論による予測

	A	B	C	D	E	F	G	H
1	t	年度	売上額(億円)	累積値x	X	累積予測値	予測値	
2	1	2006	2,004	2004				
3	2	2007	2,141	4145	−3074.5	4285.09		
4	3	2008	2,374	6519	−5332	6561.96	2276.87	
5	4	2009	2,337	8856	−7687.5	8834.62	2272.66	
6	5	2010	2,279	11135	−9995.5	11103.07	2268.45	
7	6	2011	2,335	13470	−12302.5	13367.33	2264.26	
8	7	2012	2,238	15708	−14589	15627.40	2260.07	
9	8	2013	2,124	17832	−16770	17883.29	2255.89	
10	9	2014	2,303	20135	−18983.5	20135.00	2251.71	
11	10	2015	2,172			22382.55	2247.55	
12								

図 12.10　予測値の算出

$t = 10$ 時点の 2015 年度の予測値は 2,247.55 億円と求められました。2015 年度の実際の売上額は 2,172 億円でした。予測値の相対誤差は

$$\text{相対誤差} = \left| \frac{\text{予測値} - \text{実際の値}}{\text{実際の値}} \right|$$

$$= \left| \frac{2247.55 - 2172}{2172} \right|$$

$$= 3.48 \, [\%]$$

となりました。悪くない予測だったといえそうです。

まとめ

- 灰色理論による予測事例として、ショッピングセンターのテナント賃料と、量販店の年間売上額の予測を取り上げました。灰色理論による予測（灰色予測）はこのように、少ないデータから複雑なシステムの結果としての数値の予測に適した手法です。
- 灰色予測のパラメーターの計算には、単回帰分析を利用します。単回帰分析をコンパクトに実施するには、LINEST 関数の利用が適しています。

▶ 参考文献

- 『灰色理論による予測と意思決定』鄧聚龍 著、趙君明・北岡正敏 共訳、日本理工出版会
- 『わかる灰色理論と工学応用方法』永井正武・山口大輔 共著、共立出版

第13章 予測精度を上げるために

予測精度を高めるため、データの特性に合わせて予測手法を工夫することも効果的です。本章では、予測精度を向上させる手法となる「相似法」「分解法」「最適適応法」について具体的事例をもとに紹介します。

13.1 相似法

◼ 13.1.1 相似法とは

相似法とは、過去に似たような推移を示したデータと同じような変化を示すと考えて予測する手法です。データの動きを相似形と考えるので相似法と呼びます。

表13.1は、ある商品A、B、Cを発売してからの売上高の推移です。AとBは5ヶ月目までの売上高がわかっていますが、Cは新商品なので4ヶ月目までの売上高しかわかっていません。このデータから新商品Cの5ヶ月目の売上高を予測することを考えます。

第13章　予測精度を上げるために

表13.1　商品A、B、Cの売上高

経過月	A	B	C
1	2	1	4
2	2	3	6
3	1	2	5
4	1	2	5
5	1	3	?

このデータの折れ線グラフを図13.1に示します。

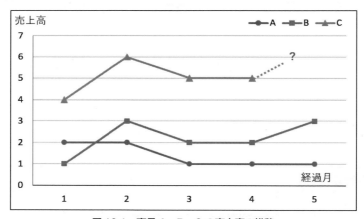

図13.1　商品A、B、Cの売上高の推移

相似法では、Cの5ヶ月目の売上高を予測するのに、それとよく似た変化を示した過去の商品のデータを利用することを考えます。つまり、似た形の折れ線グラフを利用するのです。図13.1より、Cと形が同じ折れ線はBなので、ここではBを利用してCの5ヶ月目の売上高を予測します。

1つの図形と、それを形を変えずに拡大したり縮小したりしてできた図形との関係を**相似**といいます。図13.1では、1～4ヶ月目までのBとCのグラフの形が相似になっています。

（注）　厳密にはBとCは大きさも同じなので、一般にはこれを相似の中の特殊な場合として**合同**といいます。ここでは合同もまとめて相似と呼んでいます。

相似法では、形状がどれだけ相似となっているかの度合いを相関係数でとらえます。データ間の相関係数を求めて、予測対象となるデータとの相関係数が最も大きいデータを説明変数として単回帰分析を行い、単回帰式を用いて予測値を求めます。

13.1.2　実際のデータを相似法で予測する

では、実際のデータで相似法による予測事例を見てみましょう。

表 13.2 は、新商品の発売後 6 週間のデータと、過去に売り出した商品（商品 1 〜 商品 5）の発売後 14 週間の売上高のデータです。商品 1 〜 商品 5 の売上高データを用いて、新商品の 7 週目から 14 週目の売上高を相似法で予測してみます。

表 13.2　商品の売上高データ

経過週	新商品	商品1	商品2	商品3	商品4	商品5
1	59	133	80	85	80	50
2	56	128	62	82	79	63
3	70	164	113	100	93	68
4	86	166	110	94	90	85
5	87	141	99	87	66	85
6	72	153	57	77	64	84
7	?	114	76	60	71	63
8	?	84	85	93	72	80
9	?	144	104	79	80	80
10	?	130	75	81	76	70
11	?	120	79	93	69	48
12	?	118	88	78	85	77
13	?	133	80	85	80	50
14	?	128	62	82	79	63

まず、新商品、および商品 1 〜 商品 5 の 1 週目から 6 週目までのデータで折れ線グラフを描いてみます（図 13.2）。

第 13 章 予測精度を上げるために

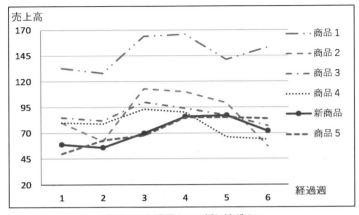

図 13.2　6 週目までの折れ線グラフ

　図 13.2 より、新商品と似た折れ線を描いているのは商品 5 のように見えます。しかし商品 1 や商品 2 も変動の大きさは違いますが、動きの傾向は同じようにも見えます。これを次のように相関係数を求めて判定します。相関係数の大きいものが、相似の度合いが大きいと判断できます。

■相関係数を求める

(1) データ同士の相関係数は、Excel の分析ツールの［相関］を利用すると簡単に求められます。図 13.3 のように［データ］タブで［データ分析］ボタンをクリックし、［データ分析］（分析ツール）ウィンドウで［相関］を選択して［OK］をクリックします（図 13.4）。

13.1 相似法

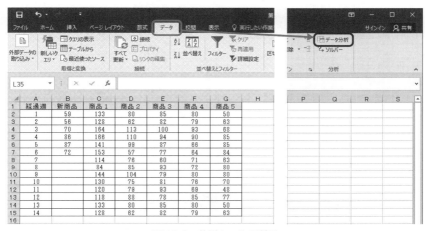

図 13.3 分析ツールの利用

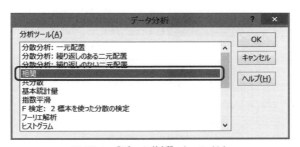

図 13.4 [データ分析] ウィンドウ

(2) [相関] ウィンドウで、6週目までのデータの範囲をラベルを含めて指定して、[先頭行をラベルとして使用] にチェックを入れ [OK] ボタンをクリックします（図 13.5）。

第13章 予測精度を上げるために

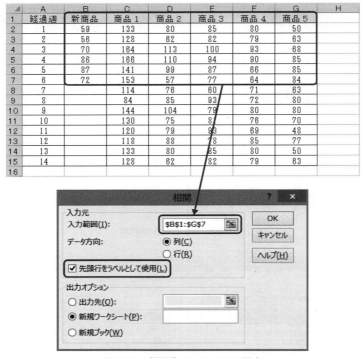

図13.5 [相関] ウィンドウの設定

(3) 図13.6のような相関係数行列が表示されます。[新商品] の列の数値が新商品のデータと商品1〜商品5のデータの相関係数を示しています。

	新商品	商品1	商品2	商品3	商品4	商品5
新商品	1					
商品1	0.603853	1				
商品2	0.597028	0.621269	1			
商品3	0.330438	0.625412	0.933917	1		
商品4	−0.10635	0.442686	0.626714	0.822999	1	
商品5	0.859392	0.558608	0.210342	0.010733	−0.32568	1

図13.6 相関係数行列

図13.6より、新商品との相関係数が一番大きいのは商品5で、約0.86となっています。商品1と商品2は約0.60とこれよりも小さい値です。つまり、新商品と6週目までの売上パターンが最も似ているのは、商品

5と判断できます。

この結果、新商品の7週目以降の売上は、商品5と同じような売上パターンになるものとみなします。新商品の7週目以降の売上高は、商品5のデータを説明変数とした単回帰式で予測します。

■単回帰分析を実施して単回帰式を求める

ここでは、分析ツールを利用して単回帰分析を実施します。

(1) Excel の分析ツールの［回帰分析］ウィンドウで［入力 Y 範囲］に 6 週目までの新商品のデータをラベルを含めて指定し、［入力 X 範囲］に商品 5 のデータを同様に指定して、［ラベル］にチェックを入れて［OK］ボタンをクリックします（図 13.7）。

図 13.7　［回帰分析］ウィンドウの設定

(2) 図 13.8 のような回帰分析実行結果が出力されます。

概要

回帰統計	
重相関 R	0.859392
重決定 R2	0.738554
補正 R2	0.673192
標準誤差	7.450754
観測数	6

分散分析表

	自由度	変動	分散	測された分散	有意 F
回帰	1	627.2784	627.2784	11.29952	0.028266
残差	4	222.055	55.51374		
合計	5	849.3333			

	係数	標準誤差	t	P-値	下限 95%	上限 95%	下限 95.0%	上限 95.0%
切片	15.93421	16.85647	0.945287	0.398037	-30.8669	62.73529	-30.8669	62.73529
商品5	0.768724	0.228686	3.361475	0.028266	0.133788	1.403659	0.133788	1.403659

図 13.8　回帰分析実行結果

(3) 図 13.8 左下の係数より、次のような単回帰式が求められます。この単回帰式に 7 週目以降の商品 5 の売上高を代入すると、新商品の売上高の予測値が求められます。

$$新商品の売上高 = 15.93421 + 0.768724 \times 商品 5 の売上高$$

■ 単回帰式を用いて予測する

求められた単回帰式により、商品 5 の売上高のデータを用いて新商品の売上高を計算します。

例えば、7 週目の新商品の売上高の予測値は

$$新商品の 7 週目の売上高 = 15.93421 + 0.768724 \times 63 = 64.4$$

8 週目の新商品の売上高の予測値は

$$新商品の 8 週目の売上高 = 15.93421 + 0.768724 \times 80 = 77.4$$

と求められます。同様に 14 週目までの予測値を求めると表 13.3 のようになります。また、表 13.3 には新商品の実測値と、予測値の相対誤差も示します。

表 13.3 新商品の売上高の予測値

経過週	予測値	実測値	相対誤差
7	64.4	65	0.98%
8	77.4	74	4.64%
9	77.4	81	4.40%
10	69.7	70	0.36%
11	52.8	53	0.32%
12	75.1	65	15.58%
13	54.4	59	7.85%
14	64.4	56	14.94%

新商品の実測値と予測値をグラフに示すと図 13.9 のようになります。

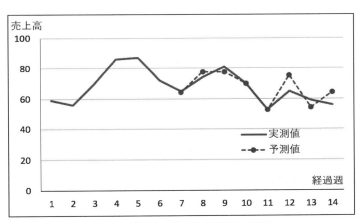

図 13.9　新商品の売上高の実測値と予測値

相対誤差は最大で 15.58% とやや大きい予測値もありますが、図 13.9 を見ると予測値が大きく外れたわけではないことがわかります。まずまずの予測精度であったといえそうです。

13.2 分解法

13.2.1 分解法とは

　第1章で、時系列データには傾向変動、循環変動、季節変動、不規則変動の4つの変動要因があることを説明しました。**分解法**とは、データをこれらの変動要因ごとに分解して考えることで、より精度の高い予測を実施する手法です。

　第9章9.2.3項の重回帰分析と数量化理論Ⅰ類を混合した事例も、傾向変動と季節変動を分解していますので、分解法で予測した一例といえます。

　分解法では、分解した変動要因が本当にデータに影響しているのかを判定し、影響している変動要因だけでデータを予測します。この判定には**分散分析**という手法を利用します。また、影響している変動要因から予測値を求めるには重回帰分析（数量化理論Ⅰ類）を利用します。

　本節では、4つの変動要因のうち循環変動と季節変動が加算されたデータ（これは第1章1.2.2項で示した加法モデルのデータとなります）について、分解法で予測する事例を紹介します。

13.2.2 実際のデータを分解法で予測する

　毎月の売上データには、その年のトレンド（傾向変動）と、季節や年中行事の影響を受けた月ごとの売上の変化（季節変動）の影響が考えられます。

　傾向変動と季節変動を分解するには、売上高に影響を与える要因を「年」と「月」に分けて考えます。

　表13.4は、2012年～2013年の24ヶ月間の全国百貨店売上高データです。このデータから2014年1月～4月の売上高を分解法を用いて予測してみます。

13.2 分解法

表 13.4 全国百貨店の売上高

(日本百貨店協会 HP より)

年月	売上高〔億円〕
2012 年 1 月	5,526
2012 年 2 月	4,331
2012 年 3 月	5,273
2012 年 4 月	4,799
2012 年 5 月	4,734
2012 年 6 月	4,829
2012 年 7 月	5,759
2012 年 8 月	4,195
2012 年 9 月	4,338
2012 年 10 月	4,955
2012 年 11 月	5,542
2012 年 12 月	7,165
2013 年 1 月	5,472
2013 年 2 月	4,317
2013 年 3 月	5,447
2013 年 4 月	4,767
2013 年 5 月	4,847
2013 年 6 月	5,167
2013 年 7 月	5,597
2013 年 8 月	4,291
2013 年 9 月	4,443
2013 年 10 月	4,907
2013 年 11 月	5,654
2013 年 12 月	7,257
2014 年 1 月	?
2014 年 2 月	?
2014 年 3 月	?
2014 年 4 月	?

第 13 章　予測精度を上げるために

まず、このデータで折れ線グラフを描いて、売上高の推移を視覚的に確認してみます（図 13.10）。

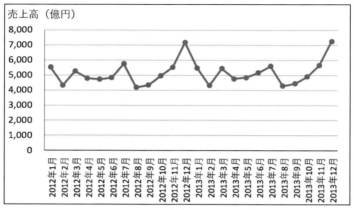

図 13.10　全国百貨店の売上高の推移

図 13.10 から、このデータの特徴をつかむことができます。2012 年、2013 年共に 12 月の売上高が最も大きく、2 月と 8 月に売上高の落ち込みがあることがわかります。また、2012 年と 2013 年とで 12 ヶ月間の折れ線グラフの形状が類似していることも確認できます。

ここで、全体的な傾向を見るために、グラフに近似直線を挿入してみましょう。

■近似曲線の追加

(1) グラフ上のいずれかの点（プロット）上で右クリックし、[近似曲線の追加] をクリックします（図 13.11）。

13.2 分解法

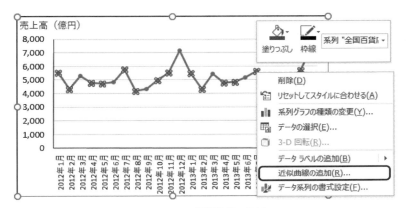

図 13.11　近似曲線の追加

(2) シート右側に表示される［近似曲線の書式設定］ウィンドウで、［線形近似］にチェックが入っていることを確認します。これで、図 13.12 のような近似直線が表示されます。

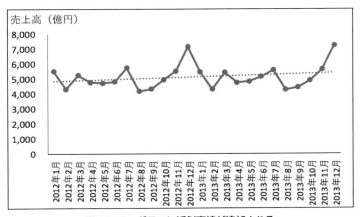

図 13.12　グラフに近似直線が追加される

図 13.12 の近似直線から、売上高の全体的な傾向は、わずかですが右上がりであることが確認できます。これが売上高の「年」による傾向変動を示しています。

第13章 予測精度を上げるために

傾向変動は、売上高の変動している要因を「年」と考えることで抽出できます。同様に要因を「月」と考えることで季節変動を抽出できます。

抽出したそれぞれの変動がどれぐらい影響しているかを統計的に分析する手法が、分散分析と呼ばれる手法です。

■ 13.2.3 分散分析による統計的判断

分散分析によって、要因の効果の有無を統計的に判断します。分散分析はExcelの分析ツールを利用すると容易に実施できます。分散分析の結果は**分散分析表**という表として出力されます。要因の効果の有無は、分散分析表の「P-値」という数値（確率）によって統計的に判断されます。この確率を求めるために「分散」という数値（統計量）を利用するので、この手法を「分散分析」と呼びます。

では、実際に分散分析を実施してみましょう。

（1）まず、データを表13.5のような「年」と「月」の2つの要因による**クロス表**に並べ替えます。

表13.5 クロス表

	2012年	2013年
1月	5,526	5,472
2月	4,331	4,317
3月	5,273	5,447
4月	4,799	4,767
5月	4,734	4,847
6月	4,829	5,167
7月	5,759	5,597
8月	4,195	4,291
9月	4,338	4,443
10月	4,955	4,907
11月	5,542	5,654
12月	7,165	7,257

(2) 表 13.5 から折れ線グラフを作成すると図 13.13 のようになります。図 13.13 より、全体的に 2013 年の方が、若干数値が大きいことがわかります。また、月ごとの季節変動は 2012 年と 2013 年でほぼ同等であることがわかります。

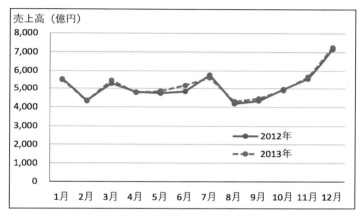

図 13.13　クロス表データの折れ線グラフ

(3) クロス表のデータから分散分析を実施します。Excel の［データ］タブで［データ分析］をクリックし、表示される［データ分析］（分析ツール）ウィンドウで［分散分析：繰り返しのない二元配置］を選択して［OK］ボタンをクリックします（図 13.14）。

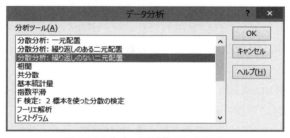

図 13.14　［データ分析］ウィンドウ

(4) [分散分析:繰り返しのない二元配置] ウィンドウで、[入力範囲] にラベルを含めたクロス表全体のセル範囲を指定し、[ラベル] にチェックを入れて [OK] ボタンをクリックします (図 13.15)。

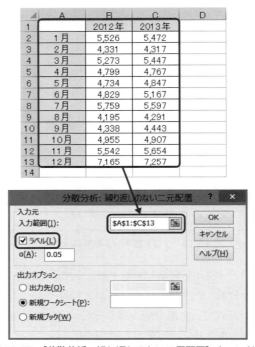

図 13.15 [分散分析:繰り返しのない二元配置] ウィンドウ

(5) 図 13.16 のような結果が出力されます。下側の表が、分散分析結果を示す分散分析表です。この分散分析表では、[行] が要因の「月」の結果を示し、[列] が要因の「年」の結果を示しています。分散分析表の [P-値] が、要因の影響の有無を判断する指標です。この値が十分に小さければ、要因の影響があると判断します。一般に予測の事例では、P-値が 0.2 (20%) 以下であれば、要因の影響があると判断できます。

分散分析: 繰り返しのない二元配置

概要	データの個数	合計	平均	分散
1月	2	10998	5499	1458
2月	2	8648	4324	98
3月	2	10720	5360	15138
4月	2	9566	4783	512
5月	2	9581	4790.5	6384.5
6月	2	9996	4998	57122
7月	2	11356	5678	13122
8月	2	8486	4243	4608
9月	2	8781	4390.5	5512.5
10月	2	9862	4931	1152
11月	2	11196	5598	6272
12月	2	14422	7211	4232
2012年	12	61446	5120.5	673662.3
2013年	12	62166	5180.5	663950.8

どちらのP-値も十分小さい値なので「月」「年」ともに要因の影響があると判断できる
(2E-10 は 2×10^{-10} というとても小さい値を示している)

分散分析表

変動要因	変動	自由度	分散	観測された分散比	P-値	F 境界値
行	14619733	11	1329067	155.5109	2E-10	2.81793
列	21600	1	21600	2.527364	0.140194	4.844336
誤差	94011	11	8546.455			
合計	14735344	23				

行が「月」列が「年」を示す

図13.16 ［分散分析：繰り返しのない二元配置］の実行結果

図 13.16 では、［行］、［列］ともに P- 値が 0.2 以下の値となっているので、「月」（季節変動）と「年」（傾向変動）のどちらも売上高に対して影響があると判断できます。

■ **P- 値について**

分散分析表に示された **P- 値**とは、要因効果の有意性を統計的に判断するための一般的な指標です。P- 値は、その要因によって引き起こされたデータの変動が「偶然誤差」のみによって起きていると考えたとき、その大きさの変動がどれぐらいの確率で発生するかを示します。したがって、要因による影響が大きいほどこの確率が小さくなるので、P- 値が十分に小さければ要因の影響があると判断できるわけです。

P-値は、確率分布における数値の発生確率から求められます。一般に、この確率分布には t 分布と呼ばれる確率分布が利用されます。P-値の詳細な算出方法については、統計学の入門書や統計的データ解析の書籍を参照してください。

一般に統計の教科書において、P-値の判定基準には「5%」が使用されます。要因による影響があると判断されるには、P-値が 5% 以下になるぐらい要因による変動が大きくなければなりません。しかしこれは、統計を医学や安全の分野で利用する場合も考慮した厳しい基準のため、経済やマーケティングの分野では P-値の判定基準を 20% 程度まで広げてもかまわないとされています。時系列予測の場面では、影響があるかもしれない要因をできるだけ採用した方が、予測の精度が向上することも考慮して、本書では P-値の判定基準を 20% としています。

■ 13.2.4　回帰分析を実行して予測値を求める

影響があると判断された要因「年」と「月」について、重回帰分析（数量化理論 I 類）を利用して、予測に使用する近似式を求めます。

「年」「月」のデータは数値で表される定量的なデータですが、月ごとの季節変動は連続的な変化ではないので、「月」は離散的なデータとして扱った方がよいと考えられます。ここでは「月」と共に「年」も定性的なデータとして扱い、数量化理論 I 類を適用して近似式を求めます。

数量化理論 I 類の用語
結果となる目的変数（y）：外的基準
要因となる説明変数（x）：アイテム
アイテムの中の各条件：カテゴリ
各カテゴリに対応する回帰係数：カテゴリスコア

(1) 数量化理論 I 類で解析するため、アイテムの「年」と「月」それぞれのカテゴリを 1, 0 のダミー変数に置き換えます。各カテゴリにデータが該当していれば「1」に、該当しなければ「0」に置き換えます（表13.6）。

表 13.6　ダミー変数への置き換え

年月	売上高（億円）	2012年	2013年	1月	2月	3月	4月	5月	6月	7月	8月	9月	10月	11月	12月
2012年1月	5,526	1	0	1	0	0	0	0	0	0	0	0	0	0	0
2012年2月	4,331	1	0	0	1	0	0	0	0	0	0	0	0	0	0
2012年3月	5,273	1	0	0	0	1	0	0	0	0	0	0	0	0	0
2012年4月	4,799	1	0	0	0	0	1	0	0	0	0	0	0	0	0
2012年5月	4,734	1	0	0	0	0	0	1	0	0	0	0	0	0	0
2012年6月	4,829	1	0	0	0	0	0	0	1	0	0	0	0	0	0
2012年7月	5,759	1	0	0	0	0	0	0	0	1	0	0	0	0	0
2012年8月	4,195	1	0	0	0	0	0	0	0	0	1	0	0	0	0
2012年9月	4,338	1	0	0	0	0	0	0	0	0	0	1	0	0	0
2012年10月	4,955	1	0	0	0	0	0	0	0	0	0	0	1	0	0
2012年11月	5,542	1	0	0	0	0	0	0	0	0	0	0	0	1	0
2012年12月	7,165	1	0	0	0	0	0	0	0	0	0	0	0	0	1
2013年1月	5,472	0	1	1	0	0	0	0	0	0	0	0	0	0	0
2013年2月	4,317	0	1	0	1	0	0	0	0	0	0	0	0	0	0
2013年3月	5,447	0	1	0	0	1	0	0	0	0	0	0	0	0	0
2013年4月	4,767	0	1	0	0	0	1	0	0	0	0	0	0	0	0
2013年5月	4,847	0	1	0	0	0	0	1	0	0	0	0	0	0	0
2013年6月	5,167	0	1	0	0	0	0	0	1	0	0	0	0	0	0
2013年7月	5,597	0	1	0	0	0	0	0	0	1	0	0	0	0	0
2013年8月	4,291	0	1	0	0	0	0	0	0	0	1	0	0	0	0
2013年9月	4,443	0	1	0	0	0	0	0	0	0	0	1	0	0	0
2013年10月	4,907	0	1	0	0	0	0	0	0	0	0	0	1	0	0
2013年11月	5,654	0	1	0	0	0	0	0	0	0	0	0	0	1	0
2013年12月	7,257	0	1	0	0	0	0	0	0	0	0	0	0	0	1

第 13 章 予測精度を上げるために

(2) データが冗長にならないよう、各アイテムにつき任意の 1 カテゴリを削除します。ここでは「2013 年」と「12 月」の列を削除しました（表 13.7）。

表 13.7 任意の 1 カテゴリ列を削除した表

年月	売上高〔億円〕	2012年	1月	2月	3月	4月	5月	6月	7月	8月	9月	10月	11月
2012 年 1 月	5,526	1	1	0	0	0	0	0	0	0	0	0	0
2012 年 2 月	4,331	1	0	1	0	0	0	0	0	0	0	0	0
2012 年 3 月	5,273	1	0	0	1	0	0	0	0	0	0	0	0
2012 年 4 月	4,799	1	0	0	0	1	0	0	0	0	0	0	0
2012 年 5 月	4,734	1	0	0	0	0	1	0	0	0	0	0	0
2012 年 6 月	4,829	1	0	0	0	0	0	1	0	0	0	0	0
2012 年 7 月	5,759	1	0	0	0	0	0	0	1	0	0	0	0
2012 年 8 月	4,195	1	0	0	0	0	0	0	0	1	0	0	0
2012 年 9 月	4,338	1	0	0	0	0	0	0	0	0	1	0	0
2012 年 10 月	4,955	1	0	0	0	0	0	0	0	0	0	1	0
2012 年 11 月	5,542	1	0	0	0	0	0	0	0	0	0	0	1
2012 年 12 月	7,165	1	0	0	0	0	0	0	0	0	0	0	0
2013 年 1 月	5,472	0	1	0	0	0	0	0	0	0	0	0	0
2013 年 2 月	4,317	0	0	1	0	0	0	0	0	0	0	0	0
2013 年 3 月	5,447	0	0	0	1	0	0	0	0	0	0	0	0
2013 年 4 月	4,767	0	0	0	0	1	0	0	0	0	0	0	0
2013 年 5 月	4,847	0	0	0	0	0	1	0	0	0	0	0	0
2013 年 6 月	5,167	0	0	0	0	0	0	1	0	0	0	0	0
2013 年 7 月	5,597	0	0	0	0	0	0	0	1	0	0	0	0
2013 年 8 月	4,291	0	0	0	0	0	0	0	0	1	0	0	0
2013 年 9 月	4,443	0	0	0	0	0	0	0	0	0	1	0	0
2013 年 10 月	4,907	0	0	0	0	0	0	0	0	0	0	1	0
2013 年 11 月	5,654	0	0	0	0	0	0	0	0	0	0	0	1
2013 年 12 月	7,257	0	0	0	0	0	0	0	0	0	0	0	0

13.2 分解法

(3) 表13.7について、「売上高」をyとし、「2012年」から「11月」までの列をxとして、Excel分析ツールの回帰分析を実行すると、図3.17のような実行結果が得られます。

概要

回帰統計	
重相関 R	0.996805
重決定 R2	0.99362
補正 R2	0.98666
標準誤差	92.44704
観測数	24

分散分析表

	自由度	変動	分散	観測された分散比	有意 F
回帰	12	14641333	1220111	142.7623	2.83E-10
残差	11	94011	8546.455		
合計	23	14735344			

	係数	標準誤差	t	P-値	下限 95%	上限 95%
切片	7241	68.03918	106.424	6.3E-18	7091.247	7390.753
2012年	-60	37.74134	-1.58977	0.140194	-143.068	23.06814
1月	-1712	92.44704	-18.5187	1.22E-09	-1915.47	-1508.53
2月	-2887	92.44704	-31.2287	4.31E-12	-3090.47	-2683.53
3月	-1851	92.44704	-20.0223	5.28E-10	-2054.47	-1647.53
4月	-2428	92.44704	-26.2637	2.83E-11	-2631.47	-2224.53
5月	-2420.5	92.44704	-26.1826	2.92E-11	-2623.97	-2217.03
6月	-2213	92.44704	-23.938	7.71E-11	-2416.47	-2009.53
7月	-1533	92.44704	-16.5825	3.95E-09	-1736.47	-1329.53
8月	-2968	92.44704	-32.1049	3.19E-12	-3171.47	-2764.53
9月	-2820.5	92.44704	-30.5094	5.55E-12	-3023.97	-2617.03
10月	-2280	92.44704	-24.6628	5.59E-11	-2483.47	-2076.53
11月	-1613	92.44704	-17.4478	2.3E-09	-1816.47	-1409.53

図 13.17　回帰分析の実行結果

(4) 図13.17の左下に示された係数(各カテゴリに対応するカテゴリスコア)を用いて、次のように売上高を求める近似式が求められます。

第 13 章　予測精度を上げるために

$$
売上高 = 7241 + \begin{bmatrix} -60 & (2012\,年) \\ 0 & (2013\,年) \end{bmatrix} + \begin{bmatrix} -1712 & (1\,月) \\ -2887 & (2\,月) \\ -1851 & (3\,月) \\ -2428 & (4\,月) \\ -2420.5 & (5\,月) \\ -2213 & (6\,月) \\ -1533 & (7\,月) \\ -2968 & (8\,月) \\ -2820.5 & (9\,月) \\ -2280 & (10\,月) \\ -1613 & (11\,月) \\ 0 & (12\,月) \end{bmatrix}
$$

（注）　ここで、手順（2）で削除した「2013 年」と「12 月」のカテゴリスコアが 0 となっていることに注意してください。

　カテゴリスコアが大きいほど、売上高は大きくなります。したがって、一番大きいカテゴリスコアの組み合わせ「2013 年」と「12 月」での売上高が最大となり、その予測値は

$$7241 + 0 + 0 = 7241\,〔億円〕$$

と求められます。

　ところが、この近似式には 2014 年に対するカテゴリスコアが含まれていないため、このままでは肝心の 2014 年の予測値を求めることができません。

　2014 年のカテゴリスコアは、2012 年と 2013 年のカテゴリスコアから求められます。すなわち、カテゴリスコアは 2012 年が −60、2013 年が 0 ですので、2014 年は +60 とすればよいのです。この結果、売上高を求める近似式は最終的に次のようになります。

売上高を求める近似式

$$\text{売上高} = 7241 + \begin{bmatrix} -60 & (2012 年) \\ 0 & (2013 年) \\ 60 & (2014 年) \end{bmatrix} + \begin{bmatrix} -1712 & (1 月) \\ -2887 & (2 月) \\ -1851 & (3 月) \\ -2428 & (4 月) \\ -2420.5 & (5 月) \\ -2213 & (6 月) \\ -1533 & (7 月) \\ -2968 & (8 月) \\ -2820.5 & (9 月) \\ -2280 & (10 月) \\ -1613 & (11 月) \\ 0 & (12 月) \end{bmatrix}$$

この近似式より求めた 2014 年 1 月～4 月の売上高の予測値を表 13.8 に示します。また表 13.8 には、2014 年 1 月～4 月の実測値と、予測値との相対誤差も示します。

表 13.8　2014 年 1 月～4 月の予測値、実測値、相対誤差

	予測値	実測値	相対誤差
2014 年 1 月	5,589	5,600	0.20%
2014 年 2 月	4,414	4,430	0.36%
2014 年 3 月	5,450	6,818	20.06%
2014 年 4 月	4,873	4,172	16.80%

2014 年 1 月、2 月の相対誤差はいずれも 0.5% 以下の非常に小さい値で、とても高い精度で予測できていることを示しています。しかし、3 月、4 月の相対誤差は一転して 15% を超える非常に高い値で、とてもよい予測とはいえない状態です。

このように大きな誤差が発生した場合、なんらかの特別な原因があるのではないかと疑ってみることが大切です。図 13.13 のグラフに 2014 年の実測値を追加して示してみると、図 13.18 のようになります。2014 年は、それ以前の年

に比べて3月の売上高が極端に高く、その反動のように4月の売上高が低くなっています。

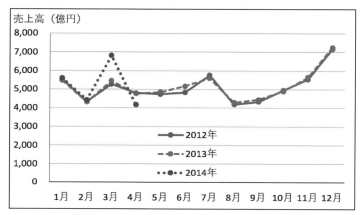

図13.18　2014年1月～4月の実測値の状態

これは何が原因となっているのでしょうか？

そうです。2014年4月1日、消費税が5％から8％へと引き上げられました。この影響で3月にはその駆け込み需要で売上が大きく増加し、4月にはその反動で売上が減少したのです。

このように、予測精度を向上し、より正確な予測に努めても、実測値は外れてしまう場合があります。しかしその結果には、今回の消費税引き上げのような、今後の予測に役立つ重要な情報が隠れています。

例えば、表13.8の結果から、実測値と予測値の差を求めてみると、表13.9のような値が得られます。

表13.9　実測値と予測値の差

	予測値	実測値	差
2014年1月	5,589	5,600	11
2014年2月	4,414	4,430	16
2014年3月	5,450	6,818	1,368
2014年4月	4,873	4,172	−701

表 13.9 で、1 月と 2 月の差は十分小さく無視できるほどの値といえますが、3 月と 4 月の差は無視できないほど大きい値です。この 3 月と 4 月の差の値は、消費増税前後の不規則変動を示していると考えると、次のように売上高を求める近似式に「消費増税前月」と「消費増税当月」のカテゴリスコアを追加することができます。

消費増税の不規則変動を追加した、売上高を求める近似式

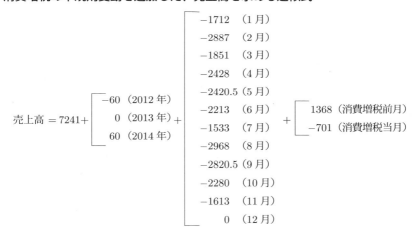

予測値と実測値を比較して大きな相違が発生している場合、今後に役立つ重要な情報が隠れているかもしれません。予測後は予測の成否について評価するだけでなく、予測値と実測値を詳細に比較検討し、今後の予測精度の向上につながる材料を見つけることも大切です。

13.3 最適適応法

本書では、さまざまな予測手法について説明してきました。それぞれの手法には予測するのに得意なデータ、不得意なデータというものが存在します。よって、手法の選択を間違えば、とんでもない予測値になってしまう可能性があります。

手法の選択には、経験を積むことによりある程度の絞り込みが可能となります。しかし経験がない場合、適した手法は選択できないのでしょうか。

本節では、経験がなくても最適な予測手法を選択するための方法として最適適応法を紹介します。

13.3.1 最適適応法とは

最適適応法とは、実績としてわかっている時系列データの最新の値を、さまざまな手法で予測した結果を比較して、最も予測精度の高い手法を採用する方法です。つまり、結果がわかっているデータについて各手法による予測実験を実施することで、不足した経験を仮想的に積み重ねて経験不足を補い、最適な手法を選択します。

例えば、10個の時系列データから11番目のデータを予測するときの手順は、次のようになります。

（1）1番目から9番目のデータからさまざまな手法を用いて10番目のデータの予測値を求めます。
（2）10番目の実データと予測値を比較して、10番目の実データに最も近い予測値が求められた予測手法を選択します。
（3）選択した予測手法を用いて11番目のデータを予測します。

13.3.2 実際のデータを最適適応法で予測する

では、最適適応法を利用して実際のデータで予測してみましょう。

表13.10は、ある年の4月から翌年2月までの売上データです。このデータから3月の売上を最適適応法を利用して予測します。ここでは、最適適応法で

適用を検討する予測手法を、単回帰分析、最近隣法、灰色理論の3つの予測手法とします。

表13.10 売上データ

t	月	売上 y
1	4月	1,027
2	5月	929
3	6月	813
4	7月	1,152
5	8月	1,538
6	9月	1,324
7	10月	1,284
8	11月	1,435
9	12月	1,750
10	1月	835
11	2月	1,102
12	3月	?

(1) まず3つの予測手法で、4月から翌年1月までのデータを使って2月の予測値を求めます。

①単回帰分析による予測

4月から翌年1月までのデータを使って、Excelの近似曲線の機能で売上 y と時点 t の単回帰式を求めます（図13.19）。

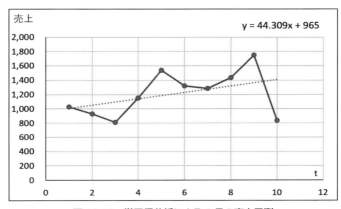

図13.19　単回帰分析による2月の売上予測

単回帰式は

$$y = 44.309\,t + 965$$

となるので、2月（$t=11$）の予測値は

$$y = 44.309 \times 11 + 965 = 1452.4$$

と求められます。2月の実データ 1,102 との相対誤差は

$$\text{相対誤差} = \left|\frac{\text{予測値} - \text{実際の値}}{\text{実際の値}}\right|$$
$$= \left|\frac{1452.4 - 1102}{1102}\right|$$
$$= 31.8\ [\%]$$

となります。

②最近隣法による予測

第6章6.4節の計算シートを使って、2月の売上を予測します（図13.20）。

	A	B	C	D	E	F	G	H	I	J
1	t	月	売上	y_{t-1}	y_{t-2}	距離の自乗	距離	距離の逆数	重み	データ×重み
2	1	4月	1,027							
3	2	5月	929	1,027						
4	3	6月	813	929	1,027	531,565	729.09	0.001371582	0.1854139	150.7415406
5	4	7月	1,152	813	929	674,525	821.29	0.00121759	0.1645969	189.6155921
6	5	8月	1,538	1,152	813	978,458	989.17	0	0	0
7	6	9月	1,324	1,538	1,152	851,813	922.94	0	0	0
8	7	10月	1,284	1,324	1,538	284,065	532.98	0.001876252	0.2536365	325.6692493
9	8	11月	1,435	1,284	1,324	383,077	618.93	0.001615686	0.2184125	313.4219837
10	9	12月	1,750	1,435	1,284	577,156	759.71	0.001316295	0.1779402	311.3952862
11	10	1月	835	1,750	1,435	936,450	967.70	0	0	0
12	11	2月	1,102	835	1,750					
13	12	3月								
14									予測値	1290.8
15										
16						最小の距離	532.98	距離の逆数和	相対誤差	
17						↑×黄金比	863.42	0.007397405	17.14%	

図13.20 最近隣法による2月の売上予測

図13.20より黄金比による距離の上限値は863.42となり、$t=3, 4, 7, 8, 9$ を用いた2月（$t=11$）の予測値 1,290.8 が求められます。

2月の実データ 1,102 との相対誤差は

$$相対誤差 = \left| \frac{予測値 - 実際の値}{実際の値} \right|$$
$$= \left| \frac{1290.8 - 1102}{1102} \right|$$
$$= 17.14 \ [\%]$$

となります。

③灰色理論による予測

第 12 章 12.1 節と同様に、灰色予測によって 2 月の売上を予測します。灰色予測は少ないデータでも予測ができることから、図 12.5 の計算シートに合わせて 8 月から翌年 1 月の 6 ヶ月のデータで、2 月の売上を予測しました（図 13.21）。

	A	B	C	D	E	F	G	H	I	J
1	t	月	売上	累積値x	X	累積予測値	予測値			
2	0	8月	1,538	1538					a	u
3	1	9月	1,324	2862	-2200	2956.44			0.034347	1495.768
4	2	10月	1,284	4146	-3504	4326.99	1370.55			
5	3	11月	1,435	5581	-4863.5	5651.27	1324.28		P	-42011
6	4	12月	1,750	7331	-6456	6930.84	1279.56		Q	-0.03435
7	5	1月	835	8166	-7748.5	8167.20	1236.36		R	43549.01
8	6	2月	1,102			9361.82	1194.62			
9									相対誤差	8.40%
10										

図 13.21 灰色予測による 2 月の売上予測

図 13.21 より、灰色予測による 2 月の予測値は 1,194.62 と求められました。

2 月の実データ 1,102 との相対誤差は

$$相対誤差 = \left| \frac{予測値 - 実際の値}{実際の値} \right|$$
$$= \left| \frac{1194.62 - 1102}{1102} \right|$$
$$= 8.4 \ [\%]$$

となります。

(2) 表 13.11 に、3 つの予測手法による 2 月の売上の予測値と相対誤差の結果をまとめます。

第 13 章 予測精度を上げるために

表 13.11 3 つの予測手法の結果

	①単回帰分析	②最近隣法	③灰色理論
2 月の予測値	1,452.4	1,290.8	1,194.62
相対誤差	31.8%	17.14%	**8.4%**

相対誤差を比較すると、③灰色理論の結果が 8.4% と最も少ないので、灰色予測が最適な手法であると判断できました。

(3) 最適な手法と判断された灰色予測を用いて 3 月の売上を予測します。図 13.21 と同様に、9 月から翌年 2 月のデータを用いて 3 月の売上を予測しました（図 13.22）。

	A	B	C	D	E	F	G	H	I	J
1	t	月	売上	累積値x	x	累積予測値	予測値			
2	1	9月	1,324	1324					a	u
3	2	10月	1,284	2608	-1966	2789.03			0.069244	1608.017
4	3	11月	1,435	4043	-3325.5	4156.05	1367.02			
5	4	12月	1,750	5793	-4918	5431.61	1275.56		P	-21898.5
6	5	1月	835	6628	-6210.5	6621.84	1190.23		Q	-0.06924
7	6	2月	1,102	7730	-7179	7732.44	1110.60		R	23222.52
8	7	3月	1,049			8768.74	1036.30			
9									相対誤差	1.21%
10										

図 13.22 灰色理論による予測計算シート

図 13.22 より、灰色予測による 3 月の予測値は 1,036.3 と求められました。

3 月の実データは 1,049 でしたので、相対誤差は

$$\text{相対誤差} = \left| \frac{\text{予測値} - \text{実際の値}}{\text{実際の値}} \right|$$
$$= \left| \frac{1036.3 - 1049}{1049} \right|$$
$$= 1.21 \ [\%]$$

となりました。よい予測結果が得られたといえます。

13.3.3 予測手法の最終評価

最終的に 3 月の売上の予測値は、最適適応法で最適と判断された灰色理論を用いて求められましたが、選ばれなかった単回帰分析、最近隣法で 3 月の予測

値を求めるとどうなっていたか確認してみましょう。

(1) 単回帰分析による3月の売上予測

4月から翌年2月までのデータを使用して、Excelの近似曲線の機能により単回帰式を求めます（図13.23）。

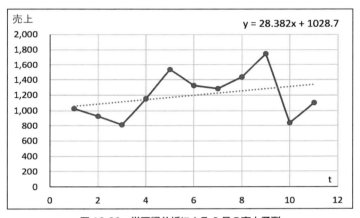

図 13.23　単回帰分析による3月の売上予測

求められた単回帰式より、3月（$t=12$）の予測値を求めると

$$y = 28.382 \times 12 + 1028.7 = 1369.284$$

となります。3月の実データ1,049との相対誤差は

$$相対誤差 = \left| \frac{予測値 - 実際の値}{実際の値} \right|$$
$$= \left| \frac{1369.284 - 1049}{1049} \right|$$
$$= 30.53 \,〔\%〕$$

でした。

(2) 最近隣法による3月の売上予測

4月から翌年2月までのデータを使用して、最近隣法による3月の売上を予測した結果を図13.24に示します。

第13章 予測精度を上げるために

	A	B	C	D	E	F	G	H	I	J
1	t	月	売上	y_{t-1}	y_{t-2}	距離の自乗	距離	距離の逆数	重み	データ×重み
2	1	4月	1,027							
3	2	5月	929	1,027						
4	3	6月	813	929	1,027	66,793	258.44	0	0	0
5	4	7月	1,152	813	929	92,357	303.90	0	0	0
6	5	8月	1,538	1,152	813	2,984	54.63	0.018306301	1	1538
7	6	9月	1,324	1,538	1,152	290,585	539.06	0	0	0
8	7	10月	1,284	1,324	1,538	543,493	737.22	0	0	0
9	8	11月	1,435	1,284	1,324	272,245	521.77	0	0	0
10	9	12月	1,750	1,435	1,284	312,490	559.01	0	0	0
11	10	1月	835	1,750	1,435	779,904	883.12	0	0	0
12	11	2月	1,102	835	1,750	908,514	953.16	0	0	0
13	12	3月	1,049	1,102	835				予測値	1538.0
14										
15										
16						最小の距離	54.63	距離の逆数和		相対誤差
17						↑×黄金比	88.49	0.018306301		46.62%
18										

図13.24 最近隣法による3月の売上予測

図13.24より、3月（$t=12$）の予測値は1,538と求められました。
3月の実データ1,049との相対誤差は

$$\text{相対誤差} = \left| \frac{\text{予測値} - \text{実際の値}}{\text{実際の値}} \right|$$
$$= \left| \frac{1538 - 1049}{1049} \right|$$
$$= 46.62 \ [\%]$$

でした。

(3) 3月の売上予測結果の比較

表13.12に、3つの予測手法による3月の売上の予測値と相対誤差の結果をまとめます。最終的な3月の予測結果についても、最適適応法で最適とされた灰色理論による予測の精度が高かったことがわかります。

表13.12 3つの予測手法の結果

	①単回帰分析	②最近隣法	③灰色理論
3月の予測値	1,369.284	1,538	1,036.3
相対誤差	30.53%	46.62%	**1.21%**

今回のデータでは、最適な予測手法として灰色理論が選択され、その予測結果も十分精度が高いものでした。データによって単回帰分析や最近隣法をはじめ、その他の手法が適している場合もあります。最適適応法では、できるだけ

多くの予測手法を取り上げて検討することで、より適した予測手法を見つけることが期待できます。

まとめ

- 相似法とは、対象とするデータが過去のデータの経過と類似した動きをするとして、予測値を求める手法です。
- 相似法では、対象とするデータとの相関係数が最も大きいデータを説明変数とした単回帰式を用いて予測値を算出します。
- 分解法とは、データを変動要因に分解して考えることで、より精度の高い予測を実施する手法です。
- 分解法では、分散分析によって分解した変動要因の影響を判定し、重回帰分析を利用して影響している変動要因による予測式を導きます。
- 時系列データの予測手法の選択には経験の積み重ねが必要です。しかし、経験がなくても最適な手法を選択する方法が最適適応法です。
- 最適適応法では、最新の実測データを予測した結果から、最適な予測手法を判定します。

▶ 参考文献

- 『Excelで学ぶ営業・企画・マーケティングのための実験計画法』上田太一郎 監修、オーム社
- 『新版 Excelでできるデータマイニング入門』上田太一郎 著、同友館
- 「日本百貨店協会HP」
  http://www.depart.or.jp/common_department_store_sale/list

あとがき ―上田太一郎氏を偲んで―

　私と上田太一郎先生との出会いは、社内の統計的品質管理講座の講師としてご一緒したことでした。上田先生は当時、電機メーカーの中で計算機システム製品について、より広範囲な展開を目的としてどのような用途に適用できるかの研究に従事されていました。その研究アイテムの1つとして、技術分野に汎用的に適用できる統計的なデータ解析、データの要因分析と予測手法の普及促進があった関係で、ご一緒する機会が生まれた次第です。

　上田先生は、製品実現のための技術開発において技術的因果関係は重要だが、それは目的ではなく結果としてよい製品が出来上がればよい、としてタグチメソッドのような結果重視の工学手法と、そのために計算機やExcelといった便利なツールをどんどん利用すればよいことを指導してくださいました。講座の中で統計的データ解析の数理的背景を追及する私は、目からうろこが落ちるような感覚を覚えたことが思い出されます。

　その後、上田先生は前書の執筆にあたり私を共著者の一人に加えてくださいました。製品の技術開発において、本書のような時系列分析による予測は利用される機会が少ない手法です。しかし、この執筆のおかげで時系列分析の考え方が、細かい技術的な因果関係に縛られることなく有用な結果を得るという結果重視の工学手法の考え方と共通することがわかり、同時にその結果が、社会や経済の動向を正しくとらえ、場合によっては大きな利益につながるものだということを知ることができました。

　本書は、上田先生の時系列分析手法についての研究成果が素人にもわかりやすく、とてもよくまとめられた書籍です。今回オーム社より、使用するExcelを最新バージョンへ更新するご依頼をいただき、故上田先生監修の本書を再編する機会を与えられたことにとても感謝しています。

　本書が時系列分析手法の入門書として、末永く活用されることを願っています。

2016年6月

近藤　宏

索 引

[数字・ギリシャ文字]
1 次式による近似 23
2 次式による近似 56
2 重指数平滑法 124
12 ヶ月移動平均 12
12 ヶ月中心化移動平均 13

α 値 121, 128

[A]
ABS 関数 113
AVERAGE 関数 15, 111

[F]
FORECAST 関数 193

[G]
GM モデル 168

[K]
k 次の自己回帰モデル 65

[L]
LINEST 関数 192, 214
LN 関数 32

[M]
MINVERSE 関数 178
MMULT 関数 177

[P]
P-値 45, 289

[S]
SUMPRODUCT 関数 195
SUMSQ 関数 195

[T]
TREND 関数 193
t 検定 31

[あ]
アイテム 71, 290

移動平均区間 140
移動平均フィルタリング 138
移動平均法 11, 138

影響度 75

黄金比 157
遅れ S 字曲線 103
折れ線グラフ 9

[か]
回帰式 23
回帰分析 47, 189
回帰分析関数 192
外挿 iv
外的基準 71, 290
カオス理論 149
加重平均法 114
カテゴリ 290
カテゴリスコア 75, 290
カテゴリスコアのレンジ 75
加法モデル 7

季節調整 6, 11
季節変動 6, 282
逆行列 176
行列計算 176
［近似曲線の書式設定］ウィンドウ 41

組み合わせモデル 7
グレイモデル 167
クロス表 286

傾向変動 4, 282

合同 274
ゴンペルツ曲線 98, 245

307

索　引

[さ]
最近隣法 149, 257
サイクル 5
最小二乗法 23
最適適応法 298
最適予測 v
差の平均法 109
差分法 109
散布図 25, 186, 210

時系列データ 3
時系列予測 3
自己回帰式 208
自己回帰モデル 65, 236
指数近似 38, 197
指数平滑法 114
重回帰式 45, 208
重回帰分析 45, 207
従属変数 29
循環変動 5
乗法モデル 7

数値予測 v
数量化理論Ⅰ類 69, 209, 231, 290
数列予測 168

成長曲線 84, 245
正の相関 30
説明変数 29
説明変数選択規準 46
線形な関係 29

相関 29
相関係数 29
相似 274
相似法 273
ソルバー 84, 122

[た]
対数近似 32, 196
多項式近似 60, 208, 219, 224
ダミー変数 71, 291
単回帰式 23
単回帰分析 23, 185

遅延S字型モデル 103

データ分析 47, 80, 189
転置行列 176

独立変数 29
トレンド 4
トレンド・サイクル 5

[な]
内挿 iv

ノイズ 6

[は]
灰色理論 167, 265
判別予測 v

被説明変数 29

不規則変動 6
負の相関 30
ブラウン法 124
分解法 282
分散分析 282
分散分析表 286
分析ツール 47, 80, 189

べき乗近似 35, 196
変数選択 209
変数変換 34, 57
変動要因 4

[ま]
目的変数 29

[や]
予測精度 273

[ら]
累乗近似 38, 196

ロジスティック曲線 91

●監修者紹介

上田 太一郎（うえだ たいちろう）

　上田データマイニング塾 塾長。上田マイニング工房 主宰。電機メーカーで計算機システム製品の用途研究に従事しつつ、データ解析、データマイニング、データ予測手法の研究、教育活動を展開し、企業のデータマイニングに関するコンサルタントや支援を推進した。

　著書・共著に『Excelで学ぶ回帰分析入門』『Excelでかんたん統計分析—分析ツールを使いこなそう』『Excelで学ぶ営業・企画・マーケティングのための実験計画法』『Excelで学ぶデータマイニング入門』（以上、オーム社）、『Excelでできるタグチメソッド解析法入門』『Excelでできるデータ解析入門』『Excelでできる最適化の実践らくらく読本』『上昇株らくらく発見法』（以上、同友館）、『事例で学ぶテキストマイニング』『実践ビジネスデータ解析入門』『データマイニングの極意』『データマイニング実践集』（以上、共立出版）、『よくわかる行列・ベクトルの基本と仕組み』『Excel徹底活用多変量解析』『Excel徹底活用ビジネスデータ分析』（以上、秀和システム）等がある。

●著者紹介

近藤 宏（こんどう ひろし）

　電機メーカー勤務。東北大学工学部卒。業務用空調機・冷熱機器の品質保証、品質管理、生産管理業務に従事しながら、品質管理、品質工学、製品安全に関する社内教育を実施している。製品品質の向上には上流品質である設計品質の向上が不可欠との見地から、従来の品質管理手法をデータ解析手法として設計技術へも展開することと、その延長としてタグチメソッドを統合することが理想的な品質教育であるとして、その啓蒙活動を展開している。

　著書・共著に『Excelでかんたん統計分析—分析ツールを使いこなそう』（オーム社）、『EXCELマーケティングリサーチ＆データ分析』（翔泳社）、『見せる統計グラフ』（秀和システム）、『Excelでできる統計的品質管理入門』『Excelでできるデータ解析入門』『Excelでできるかんたんデータマイニング』（以上、同友館）等がある。

高橋 玲子（たかはし れいこ）

　経営コンサルタント。東京女子大学文理学部卒。総合商社での財務会計、フランスでの短期研修や製菓専門学校を経てパティシエとして現場経験を重ねた後、データ解析を活用したマーティング戦略をはじめとする「ロジカルな経営戦略」を提案して企業の経営支援を実施している。中小企業診断士、カラーコーディネーター、農業経営アドバイザー、各種セミナー講師としても活動を展開している。

　著書・共著に『Excelで学ぶデータマイニング入門』『Excelで学ぶ営業・企画・マーケティングのための実験計画法』（以上、オーム社）等がある。

村田 真樹（むらた まさき）
　鳥取大学大学院工学研究科情報エレクトロニクス専攻教授。元独立行政法人情報通信研究機構主任研究員。京都大学大学院工学研究科博士課程修了。工学博士。自然言語処理、機械翻訳、情報検索、情報抽出、質問応答システムの研究に従事。データマイニングにも興味を持ちつつ、人間と同等以上の能力を持つ計算機の構築を目指し、等価な言語表現を認識するための言い換え表現の研究、計算機が人間の質問に的確に答える質問応答システムの研究を進めている。
　著書・共著・訳書に『Rによる計算機統計学』『Excelでかんたん統計分析―分析ツールを使いこなそう』（以上、オーム社）、『コーパスとテキストマイニング』『事例で学ぶテキストマイニング』（以上、共立出版）等がある。

渕上 美喜（ふちがみ みき）
　大阪市立大学大学院生活科学研究科博士課程修了。人間工学研究室で実験や調査、行動観察等のデータに基づいてユーザビリティを研究した。総合ITベンダーのマーケティング部門にて業務システムの導入支援や営業推進、教育、マニュアル開発、大学の非常勤講師やビジネス統計関連の企業研修の講師の経験を持つ。現在は定性データの解析精度を高めるプロセスや手法の開発を進めている。
　著書・共著に『Excelで学ぶ回帰分析入門』『Excelで学ぶ営業・企画・マーケティングのための実験計画法』『Excelでかんたん統計分析―分析ツールを使いこなそう』（以上、オーム社）、『よくわかる行列・ベクトルの基本と仕組み』（秀和システム）等がある。

藤川 貴司（ふじかわ たかし）
　マーケティング会社勤務。岡山理科大学工学部情報工学科卒。前職では流通業向け時系列予測システム等の開発・販売、大手流通業のPOSデータ、経営情報の分析業務に従事。現在は、定性調査、定量調査等のマーケティング調査を通じて、購買行動の背景にある消費者の意識と行動について探究している。
　ヨット競技で全日本3連覇という異色の経歴を持ち、岡山理科大学にてスポーツ科学の非常勤講師も務める。

上田 和明（うえだ かずあき）
　株式会社小田急エージェンシー勤務。明治学院大学経済学部卒。CRM担当として、主にポイントカード会員の顧客データ分析に従事し、セールスプロモーションの企画立案につなげている。
　著書・共著に『Excelで学ぶデータマイニング入門』『Excelで学ぶ営業・企画・マーケティングのための実験計画法』（以上、オーム社）、『EXCELマーケティングリサーチ＆データ分析』（翔泳社）、『すぐわかるすぐ役立つ仕事で使える統計解析』（成美堂出版）、『Excel徹底活用多変量解析』（秀和システム）等がある。

- 本書の内容に関する質問は、オーム社ホームページの「サポート」から、「お問合せ」の「書籍に関するお問合せ」をご参照いただくか、または書状にてオーム社編集局宛にお願いします。お受けできる質問は本書で紹介した内容に限らせていただきます。なお、電話での質問にはお答えできませんので、あらかじめご了承ください。
- 万一、落丁・乱丁の場合は、送料当社負担でお取替えいたします。当社販売課宛にお送りください。
- 本書の一部の複写複製を希望される場合は、本書扉裏を参照してください。

[JCOPY]＜出版者著作権管理機構 委託出版物＞

Excel で学ぶ時系列分析―理論と事例による予測―
―Excel2016/2013 対応版―

2016年 7月19日　第1版第1刷発行
2022年10月10日　第1版第5刷発行

監修者　上田太一郎
編著者　近藤　宏
著　者　高橋玲子・村田真樹・渕上美喜・
　　　　藤川貴司・上田和明
発行者　村上和夫
発行所　株式会社オーム社
　　　　郵便番号　101-8460
　　　　東京都千代田区神田錦町 3-1
　　　　電話　03(3233)0641(代表)
　　　　URL　https://www.ohmsha.co.jp/

© 上田太一郎・近藤宏・高橋玲子・村田真樹・渕上美喜・藤川貴司・上田和明 2016

組版　チューリング　印刷・製本　三美印刷
ISBN978-4-274-21917-7　Printed in Japan

関連書籍のご案内

Excelで統計の基礎知識を学ぼう！

Excel 関数を使った例題をとおして学ぶことで統計の基礎知識が身に付くロングセラー『Excelで学ぶ統計解析入門』シリーズです。本書は例題を設け、この例題に対して分析の仕方とExcel を使っての解法の仕方の両面を取り上げ、解説しています。Excel の機能だけでできるものもありますが、著者が開発した Excel アドインを用いることで、さらに理解が深まります。Excel アドインはアイスタット HP からダウンロード可能！

- 菅 民郎／著
- B5変・376頁
- 定価（本体2,700 円【税別】）

- 菅 民郎／著
- B5変・304頁
- 定価（本体2,600 円【税別】）

Excelで今話題の分野を学ぼう！

進化計算・遺伝的アルゴリズムを学べる！

- 伊庭 斉志／著
- A5・272頁
- 定価（本体3,200 円【税別】）

「熱」のシミュレーションができる！

- 山本 将史／著
- A5・264頁
- 定価（本体2,700 円【税別】）

もっと詳しい情報をお届けできます。
※書店に商品がない場合または直接ご注文の場合は右記宛にご連絡ください。

ホームページ　http://www.ohmsha.co.jp/
TEL／FAX　TEL.03-3233-0643　FAX.03-3233-3440

（定価は変更される場合があります）